エネルギーのはなし
科学の眼で見る日常の疑問

稲場秀明 著

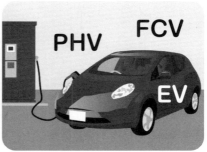

技報堂出版

書籍のコピー，スキャン，デジタル化等による複製は，
著作権法上での例外を除き禁じられています．

まえがき

　「エネルギー」という言葉で私たちは電気を思い浮かべるかも知れません．電気で電車が走るし，洗濯機やテレビなど電気製品が何でも使えます．ところが，明治初期までは電気はなく，「エネルギー」と言えば薪や炭で煮炊きしたり，移動手段に馬を使ったり風の力を利用した帆船を利用するぐらいでした．世界的に見ても18世紀まではエネルギーの利用に関しては似たような状況でした．ところが，18世紀に石炭を利用した産業革命が起こると，エネルギーの利用が増加の一途を辿りました．その後，エネルギーの利用は水力，石油，天然ガス，原子力と多様化しましたが，人々の暮らしの豊かさと便利さを支えるものとして飛躍的な拡大が続いています．

　ところが，エネルギー利用の拡大と化石燃料の大量使用が続いた結果，公害，地球環境問題が浮上し，さらには化石燃料の枯渇が意識されるまでになりました．また，エネルギーの利用が進んだ結果，多様なエネルギー利用システムが登場しています．例えば，自動車では従来のガソリン車に加えて，ディーゼル車，ハイブリッド車，プラグインハイブリッド車，電気自動車，燃料電池車などの新しい方式が競合する状態になっています．家庭でも従来の電気・ガス製品に加えて，ヒートポンプ方式の機器，燃料電池を使ったエネファーム，照明におけるLEDなど多様な省エネ機器が登場しています．

　人類は50万年前に火を使い始め，エネルギー利用を開始しました．しかし，エネルギーの大量使用の歴史はたかだか100年余りにすぎません．人類のエネルギー利用の仕方は，どちらかと言えば場当たり的で，いまだに成熟しているとは言えません．今後も新しいエネルギー利用の方法が登場し，効率の悪いものは消えていくものと考えられます．私たちが享受している便利な生活を今後も続けるとすれば，また，開発途上国の人たちの今後の生活向上を認めざるを得ないとすれば，世界のエネルギー使用が今後も拡大し続けると考えなければなりません．その際，環境問題の悪化を防ぐ形でエネルギー利用を進めるにはよほどの開発，投資，政策的な後

押し，国際強調，さらには徹底した省エネの努力が必要となります．

　2016年4月から電力の自由化がスタートします．また，2020年4月には電力会社の発送電分離が始まります．これらの動きは事業者にとっては大きなビジネスチャンスとなります．消費者にとっては，電力購入先を選ぶことができ，電気代が安くなる可能性が生じます．しかし，そのメリットを生かすためには，自分がどのような電気の使い方をしているかを分析し，どのような料金プランが自分に合っているかを知る必要があります．さらには，電力がどのようにして作られているかを知り，どのような発電方法が望ましいのか考えて行動することが求められます．ただ，再生可能エネルギーを主に供給している会社を選びたくてもそれが不可能という事態も予想されます．再生可能エネルギーはまだ量が少ないからです．

　2011年3月11日の東日本大震災とそれに続く東京電力福島第一原発の事故は筆者にとって大きなショックでした．後者については，筆者が「原子核工学科」に教員として在籍していた経験があるため重いものがあります．その当時は基礎研究に携わっていたので，原発について勉強らしい勉強はしていませんでした．原発事故を受けて「専門バカであったことを反省し，自分にできることは何か」を考え，原発とエネルギーに関する勉強を始めました．以来，原発とエネルギーの問題が筆者の中で大きな位置を占めるようになっています．本書でもその問題意識が各所で現れていると思います．

　福島第一原発の事故は放射能汚染と関東地方における計画停電をもたらし，原発の持つ問題性とエネルギー問題の重要性を浮き彫りにしました．私たちが原発を認めるにせよ認めないにせよ，使用済み核燃料の処理・処分，放射性廃棄物の処分，廃炉など原発の後始末をどのように行えばよいのかを考えなければなりません．さらに，どのような代替エネルギーがあり，それぞれがどのような特徴と問題点を抱えているのか，その問題点の克服のために，どのような開発や投資そしてどの程度の負担が必要なのかを考える必要があります．

　本書は，私たちが日常出会っているエネルギーに関するちょっとした疑問や何気なく見過ごしている問題を，科学の眼で見ることを意図して書いたものです．私たちの住んでいる世界は好むと好まざるとにかかわらず，科学に関する関心と知識を必要としています．特に，エネルギーに関する問題は重要であるにもかかわらず，新しいものが次々に登場し，その知識の吸収は消化不良になりがちです．本書は，そのような問題に対する説明をなるべくわかりやすく，高校生程度の知識でわかるように，なおかつなるべく原理にまで遡って解説することを試みました．

本書は疑問形で書かれた話題に関して解説されていますが，始めから順に読み進めても良いし，関心がある話題について拾い読みしても良いようになっています．したがって，どこから読み進めても結構です．また，解説の終わりには「まとめ」が数行で書かれています．疑問形の問題に関する回答を自分で考えて「まとめ」を読んで比較するのも良いし，解説を読んで自分が理解した内容を「まとめ」と比較してみるのも良いかも知れません．

　若者の読書離れ，理科離れが言われる今日，日常の何気ない現象に目をとめ，「なぜ？」という疑問を持つこと，そして子どもが発信してくる疑問に大人が答えることができることが求められます．その答え方次第で子どもたちは自然や身近で経験する現象に対する関心を深め，好奇心を広げ，世界の広がりと奥深さを感ずるに違いありません．

　本書の出版を認めてくださった技報堂出版(株)編集部長の石井洋平氏および直接編集に携わってくださり有益な助言を頂いた同社編集部の小巻愼氏に深く感謝したいと思います．

　本書は，筆者の孫である三浦隆明(たかあき)君および稲場咲樹美(さきみ)ちゃんに捧げたいと思います．この４月に，隆明君は中年生，咲樹美ちゃんは３才になる予定ですが，二人を日本の将来を担い21世紀後半を生きるであろう少年少女の代表とさせて頂きたいと思います．

2016 年 3 月

稲場　秀明

著者紹介

稲場　秀明（いなば　ひであき）

1942 年	富山県生まれ
1965 年	横浜国立大学工学部応用化学科卒業
1967 年	東京大学工学系大学院工業化学専門課程修士修了
同　年	ブリヂストンタイヤ(株)入社
1970 年～	名古屋大学工学部原子核工学科助手，助教授を経る
1986 年	川崎製鉄(株)ハイテク研究所および技術研究所主任研究員
1997 年	千葉大学教育学部教授
2007 年	千葉大学教育学部定年退職，工学博士

主な著書

氷はなぜ水に浮かぶのか－科学の眼で見る日常の疑問，丸善，1998 年
携帯電話でなぜ話せるのか－科学の眼で見る日常の疑問，丸善，1999
大学は出会いの場－インターネットによる教授のメッセージと学生の反響，大学教育出版，2003 年
反原発か，増原発か，脱原発か──日本のエネルギー問題の解決に向けて，大学教育出版，2013 年

趣味：テニス
千葉市花見川区在住

目　次

第1章　序　　章 ……………………………………………… *1*
- 1話　エネルギーとは？ ……………………………………… *2*
- 2話　人類はエネルギーをどう使ってきた？ ……………… *4*
- 3話　エントロピーとは？ …………………………………… *6*
- 4話　エントロピーは減る？ ………………………………… *8*
- 5話　効率良いエネルギーの使い方は？ …………………… *10*
- 6話　太陽エネルギーの恩恵をどう受けている？ ………… *12*
- 7話　なぜエネルギーが問題？ ……………………………… *14*

第2章　化石燃料 ……………………………………………… *17*
- 8話　石炭利用の変遷は？ …………………………………… *18*
- 9話　石炭が世界で多く使われるわけ？ …………………… *20*
- 10話　石油利用の変遷は？ …………………………………… *22*
- 11話　発電需要が減っている石油はなぜ重要？ …………… *24*
- 12話　天然ガスの供給と使用は？ …………………………… *26*
- 13話　シェール革命によるエネルギー市場での影響は？ … *28*

第3章　発　　電 ……………………………………………… *31*
- 14話　石炭火力発電技術の進歩は？ ………………………… *32*
- 15話　天然ガス発電技術の進歩は？ ………………………… *34*
- 16話　水力発電の動向は？ …………………………………… *36*
- 17話　自家発電の役割？ ……………………………………… *38*
- 18話　ゴミ発電の現状？ ……………………………………… *40*

第4章　再生可能エネルギー ………………………………… *43*
- 19話　太陽光発電の仕組みと普及？ ………………………… *44*

vi　目　次

　20話　次世代の太陽光発電？ ………………………………… 46
　21話　風力発電の仕組みと課題？ …………………………… 48
　22話　地熱発電の仕組みと課題？ …………………………… 50
　23話　海洋エネルギー発電の仕組み？ ……………………… 52
　24話　バイオマスエネルギーの開発状況？ ………………… 54

第5章　原子力エネルギー ……………………………………… 57

　25話　原子力発電の仕組み？ ………………………………… 58
　26話　福島第一原発事故はどのように起きた？ …………… 60
　27話　福島原発事故後の世界のエネルギー動向？ ………… 62
　28話　放射線の人体への影響？ ……………………………… 64
　29話　核燃料サイクルの現状？ ……………………………… 66

第6章　エネルギー貯蔵 ………………………………………… 69

　30話　エネルギー貯蔵とは？ ………………………………… 70
　31話　蓄熱とは？ ……………………………………………… 72
　32話　NAS電池とは？ ………………………………………… 74
　33話　ニッケル水素電池とは？ ……………………………… 76
　34話　リチウムイオン電池とは？ …………………………… 78
　35話　超伝導エネルギー貯蔵の仕組みは？ ………………… 80
　36話　圧縮空気をエネルギー貯蔵システムに？ …………… 82

第7章　燃料電池 ………………………………………………… 85

　37話　燃料電池とは？ ………………………………………… 86
　38話　固体高分子形燃料電池の仕組みは？ ………………… 88
　39話　ダイレクト燃料電池の仕組みは？ …………………… 90
　40話　リン酸形燃料電池の仕組みは？ ……………………… 92
　41話　溶融炭酸塩形燃料電池の仕組みは？ ………………… 94
　42話　固体酸化物形燃料電池の仕組みは？ ………………… 96
　43話　各種燃料電池の比較は？ ……………………………… 98

第8章　送電と配電 …………………………………………………… *101*

　44話　送電の現状は？ …………………………………………… *102*

　45話　直流送電の利点と欠点は？ ……………………………… *104*

　46話　送電線地中化はどう行われるか？ ……………………… *106*

　47話　送電ネットワークの働きは？ …………………………… *108*

　48話　変電所の役割は？ ………………………………………… *110*

　49話　変電所の設備はどのように働くか？ …………………… *112*

　50話　鉄道変電所の役割は？ …………………………………… *114*

第9章　自動車とエネルギー ……………………………………… *117*

　51話　ガソリン車とは？ ………………………………………… *118*

　52話　ディーゼル車とは？ ……………………………………… *120*

　53話　ハイブリッド車とは？ …………………………………… *122*

　54話　プラグインハイブリッド車とは？ ……………………… *124*

　55話　電気自動車とは？ ………………………………………… *126*

　56話　燃料電池自動車とは？ …………………………………… *128*

第10章　水素エネルギー ………………………………………… *131*

　57話　なぜ水素エネルギーが注目されるのか？ ……………… *132*

　58話　化石燃料からどのように水素を得るのか？ …………… *134*

　59話　化石燃料以外からどのように水素を得るか？ ………… *136*

　60話　どのように水素を貯蔵，運搬するか？ ………………… *138*

　61話　水素利用社会のイメージは？ …………………………… *140*

第11章　環境とエネルギー ……………………………………… *143*

　62話　環境問題とエネルギー問題の関係は？ ………………… *144*

　63話　二酸化炭素が増えるとなぜ地球が温暖化するのか？ … *146*

　64話　大気中に浮遊する粒子状物質とは？ …………………… *148*

　65話　火力発電の環境への影響は？ …………………………… *150*

　66話　自動車排気ガスの環境への影響は？ …………………… *152*

第12章　省エネルギー … *155*

- 67話　日本におけるエネルギー消費の構造は？ … *156*
- 68話　発電部門での省エネは？ … *158*
- 69話　産業部門での省エネは？ … *160*
- 70話　運輸部門での省エネは？ … *162*
- 71話　業務部門での省エネは？ … *164*
- 72話　家庭部門での省エネは？ … *166*

第13章　生物とエネルギー … *169*

- 73話　人体のエネルギー収支は？ … *170*
- 74話　生物の細胞でのエネルギーのやりとりは？ … *172*
- 75話　筋肉と運動のエネルギーをどう得ているのか？ … *174*
- 76話　脳と精神のエネルギーはどう得られるのか？ … *176*
- 77話　植物はエネルギー変換をどのようにしているか？ … *178*
- 78話　植物はどのようにエネルギーを貯蔵し利用しているのか？ … *180*

第14章　エネルギーの未来 … *183*

- 79話　化石燃料の未来は？ … *184*
- 80話　再生可能エネルギーの未来は？ … *186*
- 81話　燃料電池の未来は？ … *188*
- 82話　自動車の未来は？ … *190*
- 83話　電力自由化と発送電分離の未来は？ … *192*
- 84話　スマートグリッドの未来は？ … *194*

第1章　序　　章

1話　エネルギーとは？

　エネルギーとは「物質に蓄えられた仕事をする能力」で，力とその向きに動いた距離の積として表される．系のエネルギーとは，系が他に対して仕事をする能力を言う．系は宇宙の一部で，私たちが考察の対象として部分のことである．エネルギーは，考察の内容に応じて力学系，生態系，太陽系，実験系エネルギー等がある．系でない部分は外界と言い，通常，系と比べて非常に大きく，外界の状態は常に一定に保たれると仮定されている．

　一方，エネルギーという言葉は，「彼にはエネルギーがある」，「今日はエネルギーを消耗した」等のように，物理の用語としてのみでなく，精神的な意味を含めた「活力」，「物事を行う能力」を指し示す言葉としても用いられている．元々の意味は「仕事をする能力」から来ている．

　位置エネルギーは，物体が「ある位置」にあることで物体に蓄えられるエネルギーのことで，ポテンシャルエネルギーとも呼ばれる．例えば，ある高さに持ち上げたボールを考えると，そのボールを静かに離すとボールは下に落ちる．これは地球による重力がボールに働くからである．ボールをある高さに持ち上げることで物体は位置エネルギーを得ることになり，ボールを支える手から離れた瞬間，位置エネルギーは運動エネルギーに変化し始める．ボールが落ちていくにつれて位置エネルギーは減少し，代わりに運動エネルギーが増えていく．位置エネルギー＋運動エネルギーは物体が持つ全エネルギーで，力学的エネルギーと言う．

　バネにつながれている物体は，自然長からずれた位置にある時，位置エネルギーを持つ．ここでの位置エネルギーは弾性エネルギーのことで，自然長からずれた位置で手を放すと，物体は単振動を始める．

　人は寒い時に手を擦り合わせるが，その時の力学的エネルギーによって摩擦熱が発生し，熱エネルギーに変わる．その熱エネルギーは，手の皮膚にある分子の並進運動，回転運動，分子振動の形になっている．また，周囲の空気の温度が低いため，摩擦熱の一部は空気を温め，空気分子の運動エネルギーにも変化する．

　火力発電所では，石炭や天然ガスを燃やす時の化学的エネルギーを使って熱エネルギーに変え，高温の水蒸気の力によりタービンを回転させて力学的エネルギーに変え，さらにタービンの回転力により電気エネルギーに変える．この時，燃料の化学的エネルギーは，力学的エネルギー，電気エネルギーへと変換されるが，その変

換の効率は100％ではない．それぞれの過程でエネルギー損失があり，損失分のエネルギーは，熱エネルギーとなって周囲に放散されることになる．

生物はエネルギーの多くを太陽に依存し，太陽光のおかげで地球の平均気温は15℃程度に保たれ，生物が生きていく環境が実現している．植物は，太陽光を利用して光合成を行い，海では太陽光を受けて水が蒸発して雲が発生し，雨が降る．そして，その雨水を生物が利用している．こう考えていくと，水力発電，風力発電も元は太陽光に依存している．

人はエネルギーを利用して日々生活している．食物を食べ，消化し，活動のエネルギーを得るが，その食物は植物と動物からのものである．動物は植物を食べるので，植物が食物の源である．植物は太陽エネルギーを利用して光合成を行っているので，太陽エネルギーが生命の源ということになる．

つまり，エネルギーは，光エネルギー，熱エネルギー，化学エネルギー，力学的エネルギー，電気エネルギー等のように形態が変わるが，人は必要に応じて自らが欲しいエネルギーの形態にして利用していることになる．

図1 火力発電におけるエネルギー形態の変化

まとめ　　他に対して仕事をする能力をエネルギーと言う．物体が「ある位置」にあることで物体に蓄えられるエネルギーを位置エネルギーと言う．位置エネルギーと運動エネルギーの和を力学的エネルギーと言う．火力発電では，燃料の化学的エネルギーを燃焼によって熱エネルギーに変え，高温の水蒸気によってタービンを回転させる力学的エネルギーに変え，それを電気エネルギーに変える．このように，エネルギーの形態は変わるが，人は自分が欲しいエネルギーの形態を利用している．

2話　人類はエネルギーをどう使ってきた？

　人類は約 50 万年前に火の使用を始め，それは石器の使用と共に生活の幅を大きく広げ，地球上で繁栄する要因の一つとなった．一方，火の使用は，火災の危険を伴っており，災害の要因にもなった．

　その後，農耕や牧畜を始めた人類は，移動や輸送に家畜，風力（帆船）を利用し始めた．穀物を製粉するために水力，風力を，暖房，炊事のために主として薪を利用していたが，エネルギーの消費量と利用用途は，非常に限られていた．

　18 世紀に入り，産業革命が起こると，石炭をエネルギー源とする蒸気機関が発明され，工場や列車に利用されて工業化が進展し，エネルギーの利用用途も大きく広がっていった．人はより便利で豊かな生活を享受するようになった反面，人の欲望も飛躍的に増大した．資本家と労働者の分離が起こり，貧富の差が増大した．そして，石炭の利用は，採掘時の事故（落盤，ガス爆発）や公害問題も引き起こした．

　19 世紀には，石油の採掘技術が開発され，大量生産が可能になるとともにその利用方法，利用用途も急速に拡大していった．エネルギーの主役は石炭から石油へ移行し，大量に安く供給された石油は，交通機関，暖房用熱源，火力発電の燃料，化学製品の原料として，消費量が飛躍的に増大していった．

　20 世紀後半には，石油をはじめとするエネルギーの使用により大量生産が可能となり，電化製品の普及，自動車の利用拡大等，暮しの便利さは飛躍的に拡大し，大量消費の時代へと変化していく．大量生産，大量消費によって人の欲望は際限なく広がり，結果，使い捨て商品の増加，もの・エネルギーの浪費が進行していった．

　図2は世界の一次エネルギー消費の推移を石油換算で示したものである．1900 年では一次エネルギー消費が約 4 億 t であったものが 2010 年には約 110 億 t と 20 数倍となっている．

　一方で，化石燃料の大量使用の結果，大気汚染等の公害が発生し，排煙中の硫黄酸化物等による喘息，工場の排煙と自動車の排気ガスによる複合汚染が顕在化した．また，地球規模のエネルギー大量消費により，地域的な公害だけでなく，地球温暖化，オゾン層破壊，酸性雨，砂漠化等の地球環境問題が引き起こされた．

　1970 年代に起きた 2 度の石油危機は，石油に大きく依存していた世界経済に大きな打撃を与え，日本では物価が高騰するなど社会生活に大きな影響を受けた．そうした中，産業での省エネ化が進展するともに，原子力，天然ガスの石油代替エネ

ギーの導入が進んだ．特に，原発は，燃料資源のない日本にとってベースロード電源として導入が進められ，2000年には発電量の30％を占めるまでになった．

2011年3月の東日本大震災に伴う福島第一原発の事故によって日本の電力事情は一変した．事故後，日本における原発再稼働は，一部を除き厳しい状態になっている．ただ，2016年現在，政府は規制委員会が認めた原発の再稼働は認め，将来的には原発が発電量に占める割合を20％程度とする方針のようである．しかし，現実的には，原発の安全性の確認，使用済み核燃料と高レベル放射性廃棄物の処理・処分問題の解決なしには前に進めない状況になっている．

人類の活動範囲の拡大は，エネルギー消費の拡大を伴い，それによって生活の便利さ，快適さを得ると共に，災害，公害，貧富を生み出し，拡大していった．今，石油や天然ガスは21世紀中に，石炭も22世紀には枯渇に向かうと言われている．それだけでなく，地球環境を破壊する恐れが出るまでになっており，人類とエネルギーの関係，生活の仕方を問い直す必要にも迫られている．

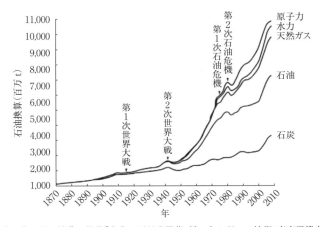

図2 世界の1次エネルギー消費の推移［出典：西川尚男著，新エネルギーの技術，東京電機大学出版局，2013］

まとめ 人類は約50万年前に火の使用を始め，地球上で繁栄する要因の一つとなった．18世紀に石炭の利用を中心とする産業革命が起き，20世紀には，石油，天然ガス，原子力を含めたエネルギーの大量使用と共に大量生産，大量消費が進行した．人類の活動範囲の拡大は，エネルギー消費の拡大と共に進み，生活の便利さ，快適さを与えると共に，災害，公害，貧富の差をも生み出した．化石燃料の大量消費によりその枯渇が懸念され，そして地球環境を破壊する恐れが出るまでになった．

3話 エントロピーとは？

エネルギーは，「無から生じることも失われることもない」というエネルギー保存則がある．摩擦による力学的エネルギーが熱に変わるように，エネルギーの形態は変化するが，「系のエネルギーの総和が変わらない」のがエネルギー保存則である．エネルギー保存則は，熱力学第1法則で，熱力学の基本的な法則である．

熱力学第2法則は，エントロピー増大則という表現で言い表されるエネルギーの移動の方向とエネルギーの質に関する法則であり，エントロピーという概念に密接に結び付いている．この法則は，科学者らにより様々な言葉で表現されている．クラウジウスの法則は，「低温の熱源から高温の熱源に熱を移す際，他に何の変化も起こさないようにすることはできない」，トムソンの法則は，「1つの熱源から熱を受け取り，これをすべて仕事に変える以外に，他に何の変化も起こさないようにするサイクルは存在しない」，オストヴァルトの原理は，「ただ一つの熱源から熱を受け取って働き続ける熱機関（第二種永久機関）は実現不可能である」，そして，エントロピー増大則は，「断熱系において不可逆変化が生じた場合，その系のエントロピーは増大する」と表現される．これらはほぼ同じことを示している．熱力学第2法則は経験則であり，直感的に日常的な経験と矛盾しない内容になっている．

エントロピーは，クラウジウスが次式の形で導入した概念である．

$$dS = \delta Q/T \qquad (1)$$

熱力学における可逆性と不可逆性を研究するための概念である．ここで，S はエントロピーで，J/K という単位を持ち，Q は熱量，T は絶対温度である．例えば，1モルの理想気体が体積 V から 2V に等温膨張する時のエントロピー変化を式(1)により計算する．理想気体が等温膨張する時に与えた熱量は，気体がした仕事に等しい（$\delta Q = PdV$）ので，エントロピー変化 ΔS は，

$$\Delta S = \int dS = \int \delta Q/T = \int PdV/T = \int R\, dV/V = R\ln 2 \qquad (2)$$

となる．その後，エントロピー S はボルツマンによって

$$S = \kappa_B \ln W \qquad (3)$$

という公式が与えらた．ここで，W は系の中でとりうる状態の数，ln は自然対数，比例係数 κ_B はボルツマン定数で，J/K の次元を持つ．式(3)を使って再び1モルの理想気体が体積 V から $2V$ に等温膨張する時のエントロピー変化を計算すると，場合の数を計算し，スターリングの公式を使うと，$\Delta S = R\ln 2$ を得ることができ

る．式(2)が式(3)からも得られるということは，熱力学第2法則がエントロピー増大則と同じ意味であることを示している．さらに，式(3)は，原子や分子の「乱雑さ」がとりうる状態の数と関係していることから，エントロピーが「乱雑さの尺度」であることを示している．

エントロピーの考え方で身の回りの現象における変化を見てみるのも興味深いかもしれない．
・熱いコーヒーも時間が経てば，部屋の温度と同じになる．
・砂糖をコップの水に入れて掻き混ぜると，溶けて見えなくなる．
・都市ガスに火をつけると，燃えて熱が出る．
・鉄はゆっくりと錆びていく．

これらはすべて不可逆変化である．例えば，水に溶けた砂糖を元通りにすることはできない．これらの現象はバラバラで一見関係がないよう思えるが，エントロピーの考え方で統一的に解釈することが可能である．

図3 エントロピー増大の経験則

まとめ 熱力学第2法則は，「宇宙のエントロピーは増大する」というエントロピー増大則で，エネルギーの移動の方向に関する法則である．エントロピーは乱雑さの尺度で，例えば，温度が高いほど分子が活発に動くのでエントロピーが大きくなる．水に砂糖を入れると，砂糖の分子が水の分子の間に入り込んで，水と砂糖の分子の配列の場合の数が大きくなり，エントロピーが大きくなる．熱力学第2法則は経験則で，日常的な経験と直観的に矛盾しない内容になっている．

4話 エントロピーは減る？

　熱力学第2法則はエントロピー増大則だが，エントロピーが減ることはないのであろうか．

　夏の暑い時にエアコンをつけて冷房すると，温度が下がって部屋にある物質のエントロピーが減る．温度が27℃から25℃に下ると，部屋のコップの中の水100gは，水の比熱容量が4.2J/Kgとして，100（g）× 2（K）× 4.2（J/Kg）/299（K）= 2.8（J/K）だけエントロピーが減ることになる．ここで，299Kは部屋の平均温度を表している．壁，床，天井，家具等の物質のエントロピーも減少し，その減少量も各物質の比熱容量がわかれば計算できるが，実際には壁等に温度分布があり，計算が複雑になる．いずれにしても，部屋にある物質のエントロピーが減ることは，熱力学第2法則に反することにならないであろうか．

　これについては3話で，エントロピー増大則は「断熱系において不可逆変化が生じた場合，その系のエントロピーは増大する」と表現されていた．ここでの断熱系とは何を指すのであろうか．

　エアコンは冷房と暖房を行うが，暖房の時は，気体の圧縮時に発生する熱を，冷房の時は，液体の蒸発熱を周囲から奪うことを利用する．液体を蒸発させるだけでは持続的な冷房ができないため，気体を圧縮器で液化することで循環使用している．圧縮器で液化時に発生する熱は，外器から排出する．ここで断熱系とは，蒸発器と圧縮器を含む全体の系を指している．全体のエネルギー収支は，通常の熱機関と同様に冷えた熱量よりも気体を凝縮する時に使ったエネルギーの方が多くなり，エントロピーも全体としては増大する．そのため，局所的にエントロピーが減少することはあっても，断熱系で見るとエントロピーが増大する．

　エアコンに限らず，ヒートポンプと呼ばれる熱機関は，自然界での熱の移動現象に逆らって熱を低温部から高温部へ移動させる装置である．ちょうど揚水ポンプによって水を低い所から高い所へ汲み上げるのに似ており，熱を汲み上げるという意味からヒートポンプと呼ばれている．ヒートポンプでは，動力を用いて低温部の熱を高温部に移動させるので，熱力学の第2法則に反することにはならない．

　次に，密閉した容器の中に青色のシリカゲルを入れ，容器の中の湿気を取ったとする．その場合，容器の中を自由に飛んでいた水の分子がシリカゲルの表面に吸着し，エントロピーが減少する．この時，容器と外界との間には熱の出入りはないの

で，容器は断熱系とみなすことができる．この場合のエントロピーの減少は，熱力学第2法則に反することにはならないのであろうか．

　この場合，水の分子がシリカゲルの表面に吸着する時，表面に物理的，化学的結合が生じて安定化される．その時の安定化エネルギーは吸着熱と呼ばれる．ここで，吸着熱をΔH（エンタルピー変化）とすると，系のエントロピーを含めたエネルギー状態は，等温等圧系ではギブスエネルギー変化ΔGを用いた式(4)で表される．

$$\Delta G = \Delta H - T\Delta S \leq 0 \quad (4)$$

「エントロピーは増大する」という熱力学第2法則は，式(4)の中に含まれる．シリカゲルの表面への水の吸着では，ΔSはマイナスの値だが，ΔHのマイナスの値が$T\Delta S$よりも大きいため，ΔGがマイナスとなり，式(4)の不等号が成立する．したがって，熱力学等2法則に反しない．シリカゲルの表面にある2～20nm程度の細かい穴に水分子が入ることで安定化する．シリカゲルは乾燥状態では青色をしているが，水をかなり吸着するとピンク色になる．ピンク色になったシリカゲルをフライパン等で加熱することで青色に戻り，再び乾燥材として使用できる．

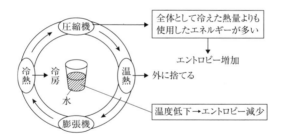

図4　冷房使用における局所のエントロピー減少と全体の系のエントロピー増加

まとめ　エアコンを冷房にすると，温度が下がり部屋にある物質のエントロピーが減る．エアコンは蒸発した気体を圧縮器で液化し循環するので，圧縮器で液化する時の熱が大きく，系全体としてはエントロピーが大きくなる．容器の中に青色のシリカゲルを入れて湿気を取ると，水の分子がシリカゲルの表面に吸着してエントロピーが減少する．この場合，水の分子がシリカゲルの表面に吸着する時の安定化により系のギブスエネルギー変化が負になるので，熱力学の法則に反しない．

5話　効率良いエネルギーの使い方は？

　ここに，水温 30 ℃の水があったとする．これはエネルギーとしての価値があるであろうか．

　価値あるかどうかは環境の温度によって変わる．環境の温度が 30 ℃なら，その水はエネルギーとしての価値はない．しかし，環境の温度が 0 ℃であれば，洗い物に使う，何かを温めるために使える可能性が出てくる．逆に環境の温度が 30 ℃で，水の温度が 0 ℃とすれば，その水を冷却に使える可能性が出てくる．そして，環境の温度が 20 ℃で，0 ℃と 40 ℃の水が 100 kg ずつあるとすると，それぞれの水は低温熱源および高温熱源として使える可能性があるが，両者を混ぜてしまうと 20 ℃の水が 200 kg になるだけで，エネルギーとしての価値はない．

　今，温度 T_1 の高熱源から Q_1 の熱を得て，温度 T_2 の低熱源に Q_2 の熱を捨て，外部に $W = Q_1 - Q_2$ の仕事をする熱機関を考える（$T_1 \geq T_2$）．この熱機関の熱効率 η は，

$$\eta = W/Q_1 = 1 - (Q_2/Q_1) \tag{5}$$

で与えられる．

　一方，カルノーの定理により，熱機関の熱効率の上限 $\eta_{\max}$ は，

$$\eta \leq \eta_{\max} = 1 - (T_2/T_1) \tag{6}$$

であることが知られている．式(5)，(6)を整理することで，

$$Q_1/T_1 \leq Q_2/T_2 \tag{7}$$

が成立する．可逆な熱機関の熱効率は $\eta_{\max}$ と等しく，式(7)の等号が成立する．すなわち，可逆な過程で高熱源に接している状態から低熱源に接している状態に変化させたとしても，Q/T という量は不変となる．クラウジウスは，この不変量をエントロピーと呼んでいる．可逆でない熱機関は，熱効率が $\eta_{\max}$ よりも小さいことが知られ，このため，可逆でない熱機関では式(7)は等号ではなく，不等式となる．つまり，可逆でない過程で高熱源から熱を得た後，低熱源でその熱を捨てると，エントロピーは増大することになる．カルノーの定理は，第二種永久機関が存在しないという熱力学第 2 法則を利用して証明されており，式(7)およびエントロピー増大則は，熱力学第 2 法則と同等の表現であるとみなすことができる．

　式(6)を見ると，熱機関の効率は高熱源温度 T_1 が高いほど良くなることがわかる．実際，石炭による火力発電では，高熱源温度を高くする努力がなされてきた．

538℃では38％の効率であったものが，566℃で41％，593℃以上では43％程度の効率が得られている．しかし，高温，高圧の条件では，ボイラ，蒸気タービンの内部素材が早く劣化するため，耐熱合金の材料開発が高温化の鍵になる．LNGを燃料とするガスタービンと蒸気タービンの複合発電でも，1,100℃級では効率43％，1,300℃級で49％，1,500℃級で53％となる．もちろん，高温ほど材料開発が重要な要素となる．これらの効率はかなり高い方で，蒸気機関は6～11％，ガソリンエンジンは20～30％，ディーゼルエンジンは28～32％程度の効率である．

　燃料電池は，水素を燃料にして電気を取り出すエネルギー機器だが，用いる電解質によって高分子型，リン酸塩型，溶融炭酸塩型，固体電解質型の種類がある．その型によって運転温度は違い，それぞれ80～100℃，190～200℃，600～700℃，700～1,000℃となる．ここでの効率は式(6)に従うわけではないが，運転温度が高いほど効率が良くなり，それぞれ30～40％，40～45％，50～65％，50～70％と言われている．しかし，高分子型は運転温度が低く，白金等の触媒が必要である，固体電解質型は運転温度が高く，運転開始まで時間がかかる，すべて固体でできているため熱膨張による劣化がある，などの問題点を克服する必要がある．

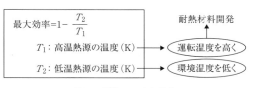

図5　熱機関の最大効率

まとめ　熱源の利用価値は環境の温度によって大きく変わる．熱源の利用価値は環境との温度差が大きいほど大きくなる．熱機関から仕事を取り出す効率は，高熱源の温度が高いほど大きい．火力発電では運転温度が高いほど効率が高くなることが実証されている．ただ，運転温度が高いほど材料の耐熱性の要求が厳しくなる．燃料電池の効率も運転温度が高いほど効率が高くなることが実証されている．運転温度が高いほど材料やシステムの工夫が求められる．

6話　太陽エネルギーの恩恵をどう受けている？

　太陽の中心核付近は，水素が核融合反応によりヘリウムを生成する時の熱のため超高温になっており，それが光球と呼ばれる太陽表面まで伝わり，約 5,800 K の温度になっている．太陽表面から 5,800 K の放射エネルギーは，光エネルギーとして宇宙に放射され，地球には紫外線，可視光線，赤外線として降り注ぐ．

　太陽から放射されたエネルギーのうち，地球に照射されている光エネルギーは，ワット数にして約 174 PW（P = 10^{15}）で，大気等による反射や吸収を受けつつも，約半分が地表に到達する．このエネルギーは，大気，地表，海洋を暖め，熱等の形で大気圏内にとどまり，地球の平均温度は 15 ℃ となっている．地表に達したエネルギーは，最終的には赤外線等としてすべて宇宙へ再放射される．

　人がエネルギー源として地上で実際に利用可能な量は約 1 PW（1,000 TW）と言われている．これは，2008 年時点の世界全体の一次エネルギー供給量（約 15 TW）の約 67 倍である．太陽光の照射エネルギーは季節によって違うため，年間の値で表すと，日本では約 1,200 kWh/m^2，欧州では中部で約 1,000 kWh/m^2，南部では約 1,700 kWh/m^2，赤道付近の国々では最大約 2,600 kWh/m^2 に達する．

　地球に到達する太陽光エネルギーのうち，緑色植物の光合成に使われるエネルギーは，約 0.04 %（40 TW）と見積もられている．光合成に使われるエネルギー量は，2008 年に全世界で消費された一次エネルギー量の 3 倍程度に相当する．植物は光合成で得たエネルギーを炭水化物の形で化学エネルギーとして貯蔵する．人を含めた食物連鎖を考えると，太陽エネルギーが生命の源ということになる．

　海では太陽光を受けて水が蒸発し，上昇気流が発生し，低気圧ができて雲が発生する．雨が降り，その水を生物が利用する．人は川の水の位置エネルギーを利用して水力発電を行い，気圧の差によって発生した上空の風を利用して風力発電を行っている．太陽の中心核での核融合エネルギーは，太陽表面での光エネルギーとして放射され，地球上に到達したその光エネルギーによって風力発電，水力発電が行われるなど，エネルギーの形態はどんどん変わっていっている．人は太陽エネルギーを自らの欲する形態として利用している．

　人は農業や園芸の形で古くから太陽エネルギーを利用してきた．さらに近年では，太陽熱利用，太陽熱発電，太陽光発電等のより積極的な形での利用がされつつある．

太陽熱利用は，加熱した水を暖房や給湯に利用する太陽熱温水器，低沸点の冷媒を蒸発させ動力として利用するヒートポンプを駆動させ冷暖房等に用いるソーラーヒートポンプ等がある．

　太陽熱発電は，集熱器を用いて太陽光を熱に変換し，熱せられた空気や蒸気を用いてタービンを回して発電する．大規模になるほど，また直射日光が多い地域ほど効率よく発電でき，日射量が多く，広い設置面積がとれる低緯度乾燥地域等で行われている．

　太陽光発電は，太陽電池を用いて発電する．メンテナンスがほぼ不要で，使う形態や規模を選ばないなどの長所がある．その一方，太陽光がないと発電できないため，夜間の電力として使う場合は蓄電装置が必要となる．近年，民生用でも太陽光発電が普及しつつある．

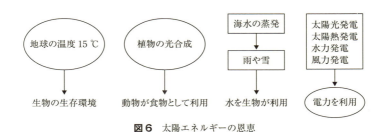

図6　太陽エネルギーの恩恵

　まとめ　太陽から地球に照射されている光エネルギーは約 174 PW で，そのうち約半分が地表に到達し，大気，地表，海洋を暖めるため平均気温が約 15 ℃である．地球に到達する太陽光エネルギーの約 0.04 %を使って緑色植物は光合成を行っている．人が食べる食物は植物と動物からで，その源は太陽エネルギーである．人類は農業によって太陽エネルギーを利用してきたが，近年は太陽熱利用，水力発電，風力発電，太陽熱発電，太陽光発電等より積極的な形で太陽エネルギーを利用しつつある．

7話　なぜエネルギーが問題？

　今から約50万年前，人類は「火」と道具を使い，地上で発展してきた．さらに，石炭，石油を利用して第二の火「電気」エネルギー，第三の火「原子力」エネルギーを手に入れ，現在ある工業文明を発展させてきた．

　世界のエネルギー消費量（一次エネルギー）は経済成長と共に増加し，1965年の38億t（原油換算）から2011年には123億tと3倍以上に達している．この間，先進国ではエネルギー消費量の伸びが鈍化しているが，アジア太平洋地域の伸びが大きい．今後もアジアの開発途上国を中心に化石燃料の利用が増え，世界のエネルギー需要量は，IEAによると2035年には2011年の約1.3倍になると予測されている．

　近年，「エネルギー問題」がクローズアップされてきた背景としては，経済成長がエネルギー消費量の拡大，地球環境問題を生み出し，化石燃料の枯渇が意識されてきたことが挙げられる．経済成長，エネルギー確保，環境保全の3つは同時に達成することは困難であり，3Eのトリレンマ（3つの矛盾）と呼ばれている．

　経済成長に関しては，今後もアジア，アフリカを中心とする開発途上国の成長が見込まれるため人口が増え，さらにエネルギー消費が増え，地球環境問題，化石燃料の枯渇の問題がより深刻になると考えられている．開発途上国の成長を抑える動きはこれらの国々の反発を招き，さらなる南北問題を引き起こすことになる．

　地球環境問題に関しては，化石燃料の大量使用に伴う二酸化炭素の増加，それによる地球温暖化が最大の課題である．地球温暖化は，海面上昇，降水量の変化，洪水，かんばつ，酷暑，厳冬，ハリケーン等の異常気象の増加につながり，生物種の大規模な絶滅の可能性等を招来することが指摘されている．

　化石燃料は，石油が45～55年，天然ガスが50～60年，石炭が110～120年の埋蔵量があると言われている．石油と天然ガスが21世紀中に，石炭が22世紀中に枯渇に向かうのはほぼ間違いのない事実と言える．問題となるのは，埋蔵量だけではない．石油の生産量は，2020年頃にピークを迎えるというのが大方の見方で，既にピークに達したという説もある．ピークに達した後，生産量が減るのに対して，需要が増え，価格が大きく上昇することになる．これまでも石油を金融商品として扱う投資家が石油価格の乱高下をもたらした経緯があるが，構造的に石油が不足する事態となると，その影響は今まで以上になる．天然ガス，石炭の価格も石油価格と連動すると考えられ，世界的にエネルギーの獲得競争が起こる懸念もある．

日本では，東日本大震災以降，原発の長期停止により火力発電の発電量が大幅に増加し，輸入燃料費が増えている．化石燃料は埋蔵量とは無関係に，掘り出すのが大変になれば供給が十分でなくなり，価格が暴騰する可能性がある．化石燃料費は，現在，年間約25兆円の水準である．今後，化石燃料価格が単純に2倍になった場合を想定すると，年間50兆円，1人当たり年間40万円以上もの化石燃料費を払う計算になり，経済への壊滅的な影響が心配される．その場合，化石燃料の使用を減らし代替エネルギーで置き換えるか，効率化等によりエネルギー消費そのものを減らす必要に迫られる．

今の安倍政権は，原発については発電量の20％程度までを想定している．しかし，国民の反原発感情が強く，少なくとも新規原発の稼働は非常に困難で，20％の実現はかなり難しいようである．

再生可能エネルギーは，2009年には発電量の1.1％にすぎなかった．2012年は1.6％，2013年は1.9％と年々増加しているが，そのペースは掛け声の割にはゆっくりである．このうち太陽光発電と風力発電の寄与が大きいが，発電が不安定なため，電力会社が受け入れに消極的で，蓄電器設備，送電網の整備等の開発がネックになる可能性がある．2035年までに10〜20％を賄うのがせいぜいであろう．

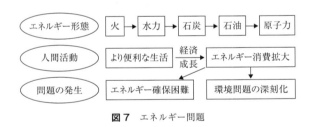

図7 エネルギー問題

まとめ　世界のエネルギー消費量は経済成長とともに増加し，1965年から2011年にかけて3倍以上になった．「エネルギー問題」は，経済成長がエネルギー消費量を増やし，地球環境問題を生み，化石燃料の枯渇の近いことを問題にする．経済成長，エネルギー確保，環境保全の3つは同時に達成することが困難である．日本は化石燃料のほぼ全量を輸入に頼っているため，エネルギー問題がより切迫している．長期を見据えた代替エネルギーの確保，各部門での省エネの徹底等が求められている．

第2章　化石燃料

8話　石炭利用の変遷は？

　石炭は，古代の植物が完全に腐敗分解する前に地中に埋もれ，長い期間にわたって地熱，地圧を受け石炭化した植物化石である．古くは2億8千万年前頃の石炭紀（ヨーロッパ，北アメリカ），新しくは7～2千万年前の新生代第三紀（ドイツ，北アメリカ，日本等）の地層から産出する．現在の地球上では，枯れて倒れた樹木は大半がシロアリ，キノコ等の菌類や微生物によって分解されるが，古生代ではそれら分解者がそれほど多くなく，大量の植物群が分解前に地中に埋没していた．湿原や湿地帯では，植物の遺体は酸素の少ない水中に沈むことによって生物による分解が十分進まず，分解されずに残った組織が泥炭となって堆積する．泥炭は年代を経るに従って地熱，地圧を受け，泥炭→褐炭→歴青炭→無煙炭に変わっていく．木材の成分セルロースやリグニンの構成元素は炭素，酸素，水素であるが，石炭化が進むに従って酸素や水素が減り，炭素濃度が増え，外観も褐色から黒色に変わり，硬くなる．炭素の含有量は，泥炭の70％以下から順次上昇し，無煙炭の炭素濃度は90％以上に達する．

　石炭は，産業革命以後，20世紀初頭まで最重要の蒸気機関用の燃料として，そして，化学工業や都市ガスの原料として，黒いダイヤ，黒の宝石と呼ばれていた．都市の照明や暖房・調理用に石炭由来の合成ガスが使われていた．これは石炭の熱分解によって得られるガスで，最初はコークスを作る際にコークス炉から発生するメタン，水素を主成分とするガスで，ロンドンのガス灯等に使われた．その後にもっと大量に生産できる都市ガスが開発された．灼熱したコークスに水をかけて得られる一酸化炭素と水素からなるガスで，日本でも大都市で1970年代まで使用された．便利ではあるものの毒性が強いため，現在では毒性の少ない天然ガスに切り替わっている．19世紀末から20世紀中頃にかけ，先進各国の都市では，工場や家庭で使用する石炭から出る煤煙による公害問題が大きくなっていった．

　第一次世界大戦前後から艦船の燃料が石炭の2倍のエネルギーを持つ石油に切り替わり，戦後，中東で大量の石油が採掘されるようなると，産業分野においても石油の導入が進み，西側先進国では採掘条件の悪い坑内掘り炭鉱は廃れた．しかし，1970年代の2度の石油危機で石油がバレル12ドルになると，産業燃料や発電燃料は再び石炭に戻り，アメリカ，ドイツ，中国等では現在でも最も重要なエネルギー源である．だが，日本では国内炭鉱は復活しなかった．オーストラリアの露天掘り

等の採掘条件の良い海外鉱山で機械化採炭された安価な海外炭に切り替わっていたからである．海上荷動きも，原油に次いで石炭と鉄鉱石が多く，30万 t の大型石炭船も就役している．

石炭は石油や天然ガスに比べ燃焼した際の二酸化炭素排出量が多く，地球温暖化問題の面からは不利だが，埋蔵量が110年程度と見込まれている．また，石油と違い，産炭国には政情の安定している国の埋蔵量が多く，価格も安定している．

石油が安価だった1960年代に重油製鉄も検討されたが，製鉄における石炭の優位は崩れなかった．重油ボイラを比較的簡単に微粉炭ボイラに改造できたため，第二次石油危機後の1980年代には，多くの発電燃料，産業燃料が石油から値段の安い石炭に回帰する動きが生じた．発電燃料，産業燃料においても，石炭を粉にして吹き込む微粉炭ボイラが開発され，手作業給炭は過去のものとなった．産業分野では石炭は今も主力エネルギーである．

自動車の普及した先進国では石油の占める割合が高いが，エネルギー消費の過半数を占める発電燃料，産業燃料では，コスト面の優位性から石炭が首位を奪還した国も多くある．北海油田を抱えるイギリスは産業燃料も天然ガスの比率が高く，フランスは原子力発電が8割を占めるが，ドイツでは国内石炭が首位で，シベリア天然ガスがそれに次いでいる．アメリカでも，発電燃料は石炭が圧倒的首位となっている．中国は，自動車の普及で石油輸入量が急増したが，依然として全エネルギーのうち7割以上を石炭が占めている．

まとめ　石炭は，古代の植物が完全に腐敗分解する前に地中に埋もれ，長い期間，地熱や地圧を受けて石炭化した植物化石である．石炭は，産業革命以後，20世紀初頭まで蒸気機関用の燃料，化学工業や都市ガスの原料として貴重であった．第一次世界大戦前後から，多くの燃料が石炭の2倍のエネルギーを持つ安価な石油に切り替わった．1970年代の石油危機で石油が高くなると，産業燃料や発電燃料は再び石炭に戻り，アメリカ，ドイツ，中国等では現在も重要なエネルギー源である．

9話　石炭が世界で多く使われるわけ？

　燃料の石炭，石油，LNG も炭化水素が主成分で，燃焼時の二酸化炭素排出量は燃料中の水素と炭素の比率で決まる．LNG は最もその比が大きく，化石燃料としては環境に優しい燃料である．その二酸化炭素の発生量は，1 kWh の発電に対して石炭が 975 g，石油が 742 g，LNG が 608 g というデータがある．石炭は，最も二酸化炭素を大量に放出する燃料で，そして，燃焼時の硫黄酸化物（SOx），窒素酸化物（NOx），煤塵(ばいじん)（煤や灰分）等の環境負荷物質を多く含む．石炭による火力発電では，環境負荷を減らすために脱硫装置，脱硝装置，燃焼技術，集塵装置等が必要となる．日本では，石炭を燃料とする設備の公害防止に長く取り組んできた経緯もあり，環境負荷物質の排出量が世界でも最も低いレベルになっている．

　世界では，エネルギー消費の多くを石炭で賄っている国がある．エネルギー消費の世界 1 位の中国は 75 % 以上，2 位のアメリカは 37 % 以上を石炭による火力発電に頼っている．理由は，石炭が化石燃料の中で最も安価で，かつ石油や天然ガスのように資源として地域による偏在性が少ないためである．埋蔵量も，石油の採掘可能年数の 45 年，LNG の 55 年に比べ，石炭は 110 年と言われており，当分は枯渇しないことも使用量が多い理由の一つとなっている．

　中国は，自国で石炭を産出することもあり，石炭の使用率が最も高くなっている．環境負荷を低減する取組みが不十分なため，大気中の硫黄酸化物，窒素酸化物および PM 2.5 等の大気中浮遊微粒子の濃度が高く，健康被害を訴える人が増えている．

　ドイツは，国内産出の石炭がエネルギー使用のトップを占めているが，アメリカのシェールガスの影響を意外な形で受けている．シェールガスの産出によりドイツの石炭価格が下落している．ヨーロッパにアメリカ産の安価な石炭が大量に輸出され，経済の停滞や気候変動枠組み交渉の行き詰まりによって二酸化炭素排出権の取引価格が下落している．そのため，排出権購入費用を加えても石炭による火力発電の価格競争力が増し，ヨーロッパ諸国において石炭火力発電所の設備利用率が向上している．ドイツでも同様で，再生可能エネルギーの導入量が着実に伸びているにもかかわらず，石炭火力発電所の稼働増等を要因として，2012 年の温室効果ガス排出量は 1.6 % 増加した．にもかかわらず，石炭火力発電所の新設は順調に進んでいない．石炭火力発電所から排出される硫黄酸化物，窒素酸化物により地域住民に健康被害をもたらすという懸念，そして，二酸化炭素の排出が地球温暖化を加速させ

るという理由での反対運動も根強く，自然保護団体の訴えにより，ハンブルク市近郊に建設中の石炭火力発電所では川の取水の変更を余儀なくされている．

　日本では，1960年頃まで国内産出の石炭を使った火力発電がほとんどであったが，1980年頃までに石油を使った火力発電が多くなった．石油危機後，海外の一般炭の輸入が解禁となったことから石炭火力が増えているが，2000年頃からLNGも加わり，燃料は多様化している．2011年からは原発の停止が相次ぎ，全体に占める火力発電の伸びが大きくなっている．石油による火力発電は，石炭，LNGに比べてコストが高く量は減っているが，貯蔵，運搬の面でLNG，石炭と比べ容易で，調達の柔軟性にも優れているため，調整用電源に使われている．2015年現在，国内の石炭火力発電所の建設計画は約40件で，設備容量は原発17基分に相当する約1,700万kWに達するといわれている．石炭による火力発電はコストが最も安いため，ベースロード電源としての使い方が想定されている．石炭による火力発電の二酸化炭素排出量はLNG火力に比べてかなり大きく，計画中の石炭火力発電所がすべて稼働すると，日本の温室効果ガス排出量が長期にわたって増えることが懸念される．

まとめ　化石燃料を燃やした際の二酸化炭素の発生量は，1 kWhの発電に対して石炭が975 g，石油で742 g，LNGで608 gと石炭が最も多い．また，石炭は燃焼した時の硫黄酸化物（SOx），窒素酸化物（NOx），ばいじん（すすや灰分）等の環境負荷物質が多い．それでも，中国，アメリカ，ドイツ等がエネルギー消費の多くを石炭で賄っている．その理由は，石炭は化石燃料の中で最も安いからである．日本でも，現在，石炭火力発電所の建設計画が相次いでいる．

10話　石油利用の変遷は？

　石油は，炭化水素を主成分とした，他に少量の硫黄，酸素，窒素等で構成された様々な物質を含む．百万年以上の長期間にわたって厚い土砂の堆積層に埋没した生物遺骸が高温高圧の条件で油母という物質に変わり，次いで液体やガスの炭化水素へと変化するという生物由来説が一番有力である．これらは岩盤内の隙間を移動し，貯留層と呼ばれる砂岩，石灰岩等の多孔質岩石に捕捉され油田を形成する．油田から採掘後，ガス，水分，異物等を大まかに除去した精製前のものが原油である．

　石油は，原油を沸点の違いで精製（分留）し，原油の種類で精製される製品の割合が異なる．留分の中でも需要の多いガソリンは，より重い油を改質することで作る．沸点の差によりガス，ナフサ，灯油，軽油，残留油に分離され，ナフサは，リフォーミングによりエチレン，プロピレン，ブタジエン，ベンゼン等のガス成分とガソリン成分に分離される．ガス成分はプラスチック，合成繊維，合成ゴム，合成洗剤等の石油化学製品の原料となる．ガス，灯油，ガソリン，重油等の石油の大半は燃料として使われ，エネルギー資源として世界中で様々な用途で使用されている．現代文明を象徴する重要な物質だが，膨大な量が消費されており，いずれ枯渇すると危惧されている．

　近年，シェールオイル，オイルサンド等に代表される非在来型と呼ばれる資源が注目を集めている．これまでは掘削技術や採算性の面から開発されてこなかったが，近年の掘削技術の進展や原油価格の高騰により採算がとれるようになり，2015年現在，北アメリカ地域を中心に開発が進められている．

　石油は，地下から湧く燃える水として古代から各地で知られていたが，19世紀に機械掘りの油井が現れ，画期的な変化を遂げた．19世紀から20世紀半ばに内燃機関での利用が始まり，消費側にも石油普及を促す動きとなった．19世紀末の自動車の商業実用化，20世紀初めの飛行機の発明，そして船舶も重油をボイラの燃料にするようになっていった．原油を大量に産出できる泊井は少なく，発見が困難で，産地は地域的に偏在した．石油は，戦車，軍用機，軍艦等の燃料として有用で，20世紀半ばから後半にかけては死活的な戦略資源となっていった．第二次大戦後，石油から作られたプラスチック，化学繊維，ゴムがあらゆる工業製品の素材として利用されるとともに，発電所の燃料としても利用された．中東に新たな良質の大規模油田が相次いで発見され，世界最大の石油輸出地域となっている．

石油の探査には莫大な経費と高い技術が必要で，石油産業では必然的に企業の巨大化が進んだ．石油の大量産出によって安価なエネルギー源の主力となり，エネルギー革命と呼ばれるエネルギー源の変化が生まれた．

　1970年代，資源ナショナリズムが強まると，石油を国有化する国が相次ぎ，アラブ石油輸出国機構がイスラエル支持国への石油輸出を削減する動きをみせ，オイルショックと世界的な不況をもたらした．その中で石油を石炭に替える動きも見られた．北海，メキシコ湾等の世界各地で石油が採掘されるようになると，石油の戦略性は低下していったが，石油の重要性は依然として変わっておらず，その価格変動が世界の景気に与える影響は大きいものがある．

　日本では，新潟県，秋田県，北海道で原油採掘が行われているが，国内消費量全体に占める比率は0.3％にすぎない．残りの99.7％は輸入に頼り，相手国は上位よりサウジアラビア，アラブ首長国連邦，イラン，カタール，クウェート等の中東地域で，全体の87％を占めている．日本の石油備蓄は，国家備蓄と民間備蓄を合わせて2015年現在210日分となっている．

まとめ　　石油は炭化水素を主成分として，他に少量の硫黄，酸素，窒素等の物質を含む液状の油である．原油は，沸点の違いでガス，ナフサ，灯油，軽油，残留油に分離，精製される．石油はガソリン，燃料として使われるほか，プラスチック，合成繊維，合成ゴム等の石油化学製品の原料となる．第二次世界大戦後，石油の大量産出によってエネルギー源の主力となり，エネルギー革命と呼ばれる変化が生まれた．日本は原油の99.7％を輸入しているが，そのうちの87％が中東地域からである．

11話　発電需要が減っている石油はなぜ重要？

　1950年代，中東地域やアフリカで相次いで油田が発見され，エネルギーの主役は石炭から石油へ移行した．大量に安く供給された石油は，交通機関，暖房用熱源，火力発電の燃料，化学製品の原料と様々な用途に使われ，その消費量は飛躍的に増大した．これは「流体革命」，あるいは「エネルギー革命」と言われている．ところが1970年代に資源ナショナリズムが強まり，2回にわたる石油危機が訪れると，石油の利用を石炭やLNGに替える動きが見られた．石油の供給不安が起き，価格が急騰したためである．

　日本の総輸入金額に占める原油輸入金額の割合は，石油危機以降，10〜20％の間を減少基調で推移している．石油危機以後の石油代替政策，省エネルギー政策，当時の為替レートと比較して円高になっていること等を反映し，輸入全体に占める原油割合は低下し，石油危機時と比べ原油価格高騰による日本経済への影響は小さくなっている．ただ，2000年代に入り，国際的な原油価格高騰を受けて総輸入金額に占める原油輸入金額の割合は再上昇し，2008年度には20％近くになったが，依然として第二次石油危機の半分程度の水準である．

　石油製品は沸点によって，石油エーテル(40〜70℃，溶媒用)，軽ガソリン(60〜100℃，自動車燃料)，重ガソリン(100〜150℃，自動車燃料)，軽ケロシン(120〜150℃，家庭用燃料)，ケロシン(150〜300℃，ジェット燃料)，ガス油(250〜350℃，ディーゼル燃料，軽油，灯油)，潤滑油(300℃以上，エンジンオイル)，残留分(タール，アスファルト，残余燃料)に分けられる．ケロシンは灯油のことで，ナフサは沸点範囲が30〜180℃程度のもので，粗製ガソリンとも呼ばれる．ナフサのうち沸点範囲が35〜80℃のものを軽質ナフサと言い，日本では石油化学工業でのエチレンプラント原料として多く使用される．沸点範囲が80〜180℃程度のものを重質ナフサと言い，ガソリンおよび芳香族炭化水素製造の原料としての使用が中心である．

　油種別に消費分野を見ると，ガソリンとして自動車燃料に使用されるのが一番多く，この他，軽油としてバス，トラックの燃料に，ジェット燃料として航空機の燃料に，灯油として一般家庭や業務用の暖房に，重油として発電，船舶，工場，農業等のボイラ燃料に，ナフサとしてプラスチック，繊維，ゴム等の石油化学製品の原料に，幅広い分野で利用されている．

石油は液体であるため貯蔵や運搬がしやすく,取扱いがしやすいのが特徴である.重量当たりのエネルギー密度も高く,燃料としての価値は大きい.したがって,石油の値段が高くなったことを理由に燃料としての石油を簡単に石炭や天然ガスに替えることが困難な用途も多くある.例えば,石油化学製品の原料に使われているナフサを石炭や天然ガスに替えるのは現状では無理であるし,航空機用の燃料を他のものに替えるのも現状では不可能である.他の用途にしても,発電,船舶,農業用,工場等のボイラ燃料に石炭や天然ガスを用いることは可能だが,ボイラを改造するか取り替えるかの措置が必要で,そのコストに見合うメリットが必要である.

石油製品の使用実績と2030年での見通しのデータ(単位100万kL)(日本エネルギー経済研究所による)を**表1**に示す.ここで,A重油は軽油に近い軽い成分で,農耕機や漁業用の中小型船舶の燃料として使用されている.BC重油は残渣油を多く含む重い成分で,発電,工場,大型船舶用の燃料として使用されている.

表1 石油製品の使用実績と2030年での見通し(単位100万kL)[出典:日本エネルギー経済研究所]

	ガソリン	ナフサ	ジェット燃料油	灯油	軽油	A重油	BC重油
2010年	66.2	44.0	5.3	28.1	33.2	26.2	22.4
2030年	53.4	35.2	5.5	23.2	26.5	21.7	13.2

表ではガソリンと軽油の2030年での見通しがかなり減っているが,これはハイブリッド車,燃料電池自動車,電気自動車等のガソリンや軽油を使わない車種が増えてくるためと考えられる.灯油,BC重油が減っているのは,他のエネルギーへの振替えが可能な用途があるためと考えられる.ジェット燃料油が増えているのは,航空機用燃料は他のエネルギーへの振替えが困難なためである.

> **まとめ** 1970年代の石油危機で価格が急騰したため,石油から石炭やLNGに替える動きがあった.石油は液体であるため貯蔵や運搬がしやすく,重量当たりのエネルギー密度も高く,燃料としての価値が大きい.石油化学製品の原料に使われているナフサを石炭や天然ガスに替えるのは現状では無理で,航空機用の燃料の代替えも現状では不可能である.発電,船舶,農業用,工場等のボイラ燃料に石炭や天然ガスを用いることは可能だが,ボイラを改造するか取り替えるかの措置が必要となる.

12話　天然ガスの供給と使用は？

　天然ガスは，地殻内に閉じ込められている可燃性ガスで，メタン，エタン等の軽い炭化水素を多く含む化石燃料である．天然ガスは，ガス田に気体状態で埋蔵されている場合と，油田に埋蔵されている原油に溶け込んでいる場合とがある．
　天然ガスの起源は，原油，石炭等の有機堆積物の熱分解や堆積物中の有機物の低温でのバクテリア分解による有機成因説と火山岩体や海底溶岩中にあるマントル中の無機炭素を起源とする無機成因説とがある．
　天然ガスの成分は産地によって異なるが，主成分はメタンで，エタン，プロパン，ブタン，ペンタン等が少量含まれ，他に二酸化炭素，硫化水素，窒素，酸素等の不純物を含んでいる．不純物を分離した後，ペンタン以上のガソリン成分とプロパン，ブタンのLPガス成分とを分離して出荷される．
　天然ガス資源は，ガス田や油田だけでなく，タイトサンドガス，シェールガス，地圧水溶性ガス，メタンハイドレート，バイオマスガス等の多様な形で存在している．これらは非在来型ガスと呼ばれている．近年，アメリカを中心に採掘技術に革新的な進歩があり，シェールガスと呼ばれる天然ガスの商業生産が大きなインパクトを与えつつある．
　天然ガスは揮発性が高く，常温では急速に蒸発する．主成分のメタンが空気よりも軽いため大気中に拡散するので，空気より重く低い場所に滞留しやすいプロパンやブタンに比べれば安全性が高いと言える．また，プロパンと同様，メタンやエタンも無臭であるが，ガス漏れに気付きやすくするため燃料用ガスでは意図的に匂い成分を混ぜている．
　天然ガスの世界における埋蔵量は約181兆m^3で，旧ソ連と中東地域とがずば抜けて多く，合わせて73%となっている．次いで，アジア・太平洋8%，アフリカ8%，南アメリカ5%，北アメリカ3%となっている．非在来型ガスの埋蔵量についてはアメリカを除いて統計がない．
　日本では，秋田，新潟，北海道，千葉にガス田があり，使用量の約3%を産出している．関東地方だけでも埋蔵量は4,000億m^3以上あると推定され，埼玉，東京，神奈川，茨城，千葉にまたがる地域で南関東ガス田を形成している．しかし，東京の直下にあるため採掘は厳しく規制され，房総半島でわずかに採掘されているのみである．メタンハイドレートも統計はないが，日本周辺の東部南海トラフ等には相

当量の埋蔵が推定されている．

　天然ガスの輸送方法には大別して2つある．一つがパイプラインによるもので，1930年代からアメリカで行われており，現在ではロシアからヨーロッパへ，北アフリカから南ヨーロッパ等へ天然ガスの気体での輸送に使用されている．もう一つがLNGタンカーによる液化天然ガスの輸送で，中東や東南アジアから日本等への輸送に多用されている．

　日本では，パイプライン輸送は行われていない．2000年頃にサハリンから宗谷海峡を経て東京までパイプラインでつなぐ計画があったが，電力会社の反対等で実現しなかった経緯がある．LNGとして流通させる場合には，メタンの沸点が－161.5℃であるため，それ以下に冷却し液化してから輸送しなければならない．また，貯蔵でも冷却を続ける必要があり，その分コストが掛かる．

　日本でのLNGの利用は，70%が発電用，30%が都市ガスまたは化学工業用である．発電用LNGの利用量は，2011年以降原発の長期停止が続いていること，LNGが石炭に比べて二酸化炭素発生量や有害成分が少なく，環境に優しいこと等を理由に拡大している．

　天然ガス自動車は，大気汚染の原因となる窒素酸化物（NOx），一酸化炭素，炭化水素の排出量が少なく，硫黄酸化物（SOx），粒子状物質がほとんど出ないことから環境負荷が少ない自動車と言われている．日本では，2012年現在，圧縮天然ガス（CNG）自動車が4万台あまり走っている．天然ガスは20 MPaの高圧ガス容器に充填され，減圧弁で圧力を落とした後，エンジンに供給される．LNG自動車もあるが，まだ試験走行中である．

　まとめ　天然ガスは地殻内に閉じ込められているメタン等の軽い炭化水素を多く含む化石燃料の一つである．天然ガスの成分は不純物を分離した後，ペンタン以上のガソリン成分とプロパン，ブタンのLPガス成分とを分離して出荷される．天然ガスの輸送にはパイプラインによる気体輸送とLNGタンカーによる輸送とがあるが，日本は島国のためLNGタンカーで輸入している．日本でのLNGの利用は70%が発電用で，30%が都市ガスまたは化学工業用である．

13話　シェール革命によるエネルギー市場での影響は？

　天然ガスのうち，ガス田や油田から出るものは在来型ガス，それら以外から高度な技術で採掘されるものを非在来型ガスと呼ばれる．シェールガスは，後者の代表例で，在来型が採掘しやすい地下の比較的浅い層にあるのに対し，シェールガスは地中深くの頁岩（シェール）という固い泥岩の中に閉じ込められている．このため，存在は知られていたものの，効率よく取り出すことが難しいために開発が見送られてきた．

　近年，アメリカを中心に採掘技術に革新的な進歩があり，シェールガスと呼ばれる天然ガスの産出が大きなインパクトを与えつつある．このシェールガスは，シェール層に高圧水を入れて人工的な割れ目を作り，そこに細かい砂を打ち込んで固定することでガス成分を抽出する技術を開発し，さらにその状況を地上から監視する技術や水平抗井も開発されて在来型ガスとある程度競合できる水準になった．アメリカは2015年現在，世界最大のエネルギー輸入国だが，世界最大のエネルギー生産国でもある．2020年頃には輸出の方が多くなると見られている．

　アメリカでは天然ガス価格が大幅に下がり，頁岩層から天然ガスだけでなく原油（シェールオイル）も採掘され，産出が拡大している．アメリカが国内産の天然ガス利用にシフトしたため，カタール等の中東産の天然ガスが欧州市場に流れ，これによりヨーロッパ向けのロシア産ガスが東アジアに回り，天然ガス価格が下落するなど，世界のエネルギー地図が塗り替えられつつある．シェールガスの開発により，これを原料や燃料として使うアメリカの製造業の競争力が底上げされている．製鉄プロセスでガスを使う鉄鋼メーカー，シェールガスの副産物を使用してエチレンを製造する化学メーカーの恩恵は莫大である．シェールガス由来のエチレンは，日本でナフサ由来のエチレンを製造する場合に比べ原料のコスト競争力が3～4倍とされている．製造業の復権と輸出振興を目指すオバマ政権にとって，シェールガス革命は強力な切り札となっている．天然ガスは石油に比べ二酸化炭素排出量が少なく，燃料を石油や石炭から天然ガスへと転換する動きも目立ってきている．オバマ政権は，電気自動車とNGV（ガス自動車）購入者へ補助金を給付するなど，ガス自動車の普及に意欲的である．

　北アメリカでのシェールガス事業には多くの日本企業が参画しており，商機が広がっている．総合商社は早い段階から権益の獲得に動き，プラント，造船，海運等

の業種でもアメリカやカナダでLNG生産プラントを共同受注するなどしている．アメリカから日本へのLNGの輸出は2017年から開始されることになっている．

シェールガスは，北アメリカだけでなく，中国，ヨーロッパ，南アメリカ，オーストラリア等の世界各地に埋蔵されている．シェールガスの回収可能量は世界で208兆m^3とも言われ，単純にLNGに換算すると1,664億tで，日本の年間輸入量の2,000年分に相当する．各国のシェールガス生産が本格化すると，世界のエネルギー事情や産業活動にさらに大きなインパクトを与えるかもしれない．しかしながら，現状では多くの課題がある．他の地域では北アメリカより深い場所に埋蔵されていることが多く，生産コストが膨らむのが最大の問題である．新興国ではインフラが未整備のため，採掘に使用する水が不足しているほか，ヨーロッパでは採掘に使う水に含まれる化学物質が土壌や水質を汚染するとの批判もある．このため，現状では北アメリカ以外の大半の国々は探査や試掘の段階にとどまっている．

一方で，シェール革命に期待を掛けすぎるのも禁物である．シェール産業の将来の予測は難しいと言うのが現状である．地下に膨大なシェールガスとシェールオイルが埋蔵されていることは間違いないが，その採算可能な量を知るのは困難である．例えば，アメリカエネルギー省は，最近，カリフォルニア州モンテレーのシェールオイルの推定可採埋蔵量を大幅に下方修正した．石油の価格が下がれば，採算割れに陥る要素も少なくないと考えられる．

2016年2月現在，新興国経済が低迷して石油需要が減ったこと，石油産油国の生産調整が行われなかったことを背景に石油価格が1バレル30ドル付近に下がっている．石油価格が下がったことで，シェールガスやシェールオイルの企業の倒産が出始めている．

まとめ 近年，採掘技術が進歩し，シェールガスと呼ばれる天然ガスの産出が大きなインパクトを与えている．シェールガスは，シェール層に高圧水を入れて人工的な割れ目を作りガス成分を抽出する．アメリカは世界最大のエネルギー輸入国だが，世界最大のエネルギー生産国でもある．アメリカが輸入を減らしたため，世界の天然ガスの流れは大きく変わり，価格が下落しつつある．アメリカの製造業では，天然ガスを使う業種は競争力が上がりつつある．

第3章 発　　電

14話　石炭火力発電技術の進歩は？

　日本では，原発の停止が長期化し，再稼働に向けた地元との調整も難航している．また，原発の新設は見込める状況になく，火力発電所の重要性が高まっている．一方，石炭火力発電は二酸化炭素の排出量が天然ガスに比べて2倍近くで，環境負荷を低減する観点から石炭火力発電所の新設を問題視する見方も根強い．

　環境の視点からは石炭火力発電を使いたくないが，世界に眼を向けると必ずしもそうは言っておれない現状がある．エネルギー消費の世界1位の中国が75％以上，2位のアメリカが37％以上を石炭火力発電に頼っている．その理由は，石炭が化石燃料の中で最も安価であるからである．資源量も石油や天然ガスに比べ当分は枯渇しないことも使用量が多い理由の一つである．

　石炭火力発電の環境対策は，二酸化炭素に関しては効率を上げてkWh当たりの排出量を下げるしかない．石炭が燃焼するとSOx（硫黄酸化物），NOx（窒素酸化物），煤塵（煤，燃えカス）が発生する．SOxに対しては脱硫装置で対応できるが，NOxに対しては脱硝装置だけではだめで，燃焼技術の開発が必要になる．**表2**に世界の石炭火力発電における2010年のSOx, NOxの発電量kWh当たりのg数を示した．日本の石炭火力発電はSOx, NOxの排出量が非常に少なく，欧米と比べてもクリーンなレベルを保っている．高度成長時代の大気汚染問題に取り組んだ成果がこのような結果として表れたものと思われる．

表2　石炭火力発電における2010年の発電量当たりのSOx, NOxの排出量（発電量kWh当たりg数）（日本のみ2012年のデータ）［出典：海外　OECD.StatExtracts Complete databases，日本　電気事業連合会］

	アメリカ	カナダ	イギリス	フランス	ドイツ	イタリア	日本
SOx	1.7	2.5	0.7	1.6	0.6	0.3	0.2
NOx	0.7	1.6	0.9	1.6	1.0	0.5	0.2

　日本の石炭火力発電は，戦後，アメリカの技術で進歩が図られ，20％の熱効率しかなかったものが36～38％までになった．その間，蒸気温度は450℃から段階的に上がって566℃となっている．1980年代，重工会社，鉄鋼会社，電力会社が協力したプロジェクトが発足し，耐熱鋼の開発が進んで9％クロムと12％クロム鋼が開発されたことで，620℃という蒸気温度が実現し，40～43％の熱効率が達成された．700℃以上の蒸気温度を実現するために鉄基合金の代わりにニッケル基合金の

開発が行われており，現在，実証試験の段階にある．

　天然ガス発電では，高温で運転した時の廃熱を利用して蒸気タービンを回す複合発電が実用化しているが，石炭火力発電でも同様の試みがなされており，現在，実証試験が行われている．**図8**に石炭ガス化複合発電(IGCC)の装置構成を示した．IGCCでは，あらかじめ石炭を細かく砕いた微粉炭を用いる．まず，ガス化炉で微粉炭と空気を反応させて燃料ガスを得，これをガスタービンに送り，圧縮機で高圧にした空気と混合して燃焼させる．この時，急激な膨張が起こってガスタービンが回転して発電機を回す．ガスタービンから出た廃熱は，廃熱回収ボイラが吸い上げ，水蒸気を発生させて蒸気タービンを回して発電することができる．IGCCではガスタービンと蒸気タービンの2系統の発電ができるので，48〜50%と高い効率が得られる．IGCCではSOx，NOxの排出量も従来型より少なく，従来，灰融点が低く石炭火力発電に使えなかった炭種も使えるようになり，石炭の安定調達という意味でもメリットがある．

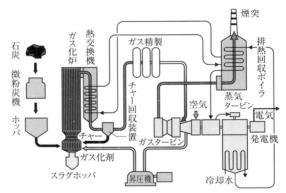

図8　石炭ガス化複合発電の装置構成［出典：電気事業連合会, http://www.meti.go.jp/committee/sougouenergy/shoene_shinene/sho_ene/kankyo/pdf/002_04_00/pdf, 2016.1.28 アクセス］

まとめ　　石炭火力発電はLNG発電と比べて環境負荷が大きいため環境対策が重要である．石炭が燃焼する際のSOxやNOx対策のための脱硫装置，脱硝装置，燃焼技術の開発の結果，日本は欧米と比べてもSOxやNOxの排出量は非常に少ない．日本の石炭火力は，戦後，アメリカの技術で進歩が図られたが，1980年代より独自技術で耐熱鋼の開発等が進み，世界最高の43%という効率を達成している．さらに，石炭ガス化複合発電の開発が進み48〜50%と高い効率が得られつつある．

15話　天然ガス発電技術の進歩は？

　天然ガスは主成分がメタンなので，燃料中の水素／炭素比が高く，排気ガス中の二酸化炭素の比率が低く，石炭の場合に比べ6割程度になっている．また，日本では天然ガスはほとんどLNGの形で輸入されており，燃料中の硫黄や窒素の比率が低く，有害ガス濃度が低いのが特徴である．原発が長期間停止している間の発電に占める天然ガス（LNG）発電の重要性が大きくなっている．

　LNG発電はガスタービンを用いて発電される．ガスタービンの原理は，空気を圧縮機で何段階かに分けて圧縮し，35気圧程度の高圧にして燃焼器に送り，燃料と混合して燃焼させ高温高圧のガスをタービンに送ることで，急激な膨張が起こってタービンが回転するというものである．

　ガスタービンエンジンは，航空機用のジェットエンジンが発電用に改良されたものである．ガスタービンエンジンは連続流れのため，常時，燃焼器やタービンは高温になる．高温ほど発電効率が高くなることはわかっているが，高温に対する強度がないと材料が耐えられなくなる．そのため，ガスタービンエンジンの性能向上には耐熱材料の開発が必須となる．ガスタービンエンジン用の耐高温構造材料としてNi基等の超合金の開発が進められ，耐用温度の高い合金が次々と開発されてきた．現在，入口温度が1,500℃程度になっている．ガスタービン材料の耐熱温度は900℃以下なので，入口温度を高くしつつタービンを冷却する技術が開発されてきた．精密鋳造技術によって動翼，静翼は中空構造の形に製造し，翼に強制的に空気を噴き出して冷却することが可能になった．その結果，ガスタービンの運転温度は，最大出力時には1,500℃以上に達しても金属部分の温度を低く保つことが可能である．最近，第3世代と呼ばれる5～6％のRe（レニウム）を含む合金にまで開発は進み，第4世代合金も模索されている．さらなる高温化を目指して，Ni基超合金以外の金属間化合物，高融点金属の合金，セラミックス，さらには各種の複合材料の開発が進められている．

　ガス複合サイクル発電は，ガスタービンの入口温度が高いことを最大限利用した方法で，発電用ガスタービンの廃熱温度が550℃以上もあり，これを廃熱回収ボイラに送って蒸気タービンを回す．ガス複合サイクル発電の構成図を**図9**に示す．ガス複合サイクル発電は，入口のガス温度によって1,100℃級，1,300℃級，1,500℃級に分かれ，1,300℃級はACC，1,500℃級はMACCと呼ばれている．1,100℃級の発

電効率は47%，1,300℃級では54%，1,500℃級では59%となる．さらに1,600℃級のガス複合サイクル発電所が現在建設中である．

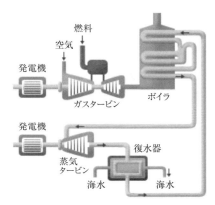

図9 ガス複合サイクル発電の構成図［出典：http://www.mhi.co.jp/discover/earth/know/history/future/efficiency.html, 2016.1.31 アクセス］

> **まとめ**　　LNG発電は高温ほど発電効率が高くなるが，ガスタービンは連続流れのため，常時，燃焼器やタービンは高温になり，高温強度がないと材料が耐えられない．ガスタービンエンジン用材料として，入口温度が1,500℃級の合金が開発された．合金の耐熱性は900℃以下なので，入口温度を高くしつつタービンを冷却する技術が開発された．ガスタービン発電の廃熱を利用して蒸気タービンを回すガス複合サイクル発電では，総合発電効率が1,500℃級では59%となっている．

16話　水力発電の動向は？

　水力発電は，水車を水の力によって回転させることで発電する．高い所にあるダム，ため池，タンク等からの水道用水，農業用水等を利用して発電する．理論上，$1\,\mathrm{m}^3$ の水が $10\,\mathrm{m}$ の落差を流れ落ちれば $98\,\mathrm{kW}$ の水力発電ができる計算になる．水力発電は，発電機出力の安定性や負荷変動に対する追従性では，再生可能エネルギーの中で最も優れ，発電効率は約 $80\,\%$ である．

　種類としては，水路式発電，ダム式発電，ダム水路式発電，揚水式水力発電等がある．このうち，水路式（流込み式）発電は水を貯めることができないので，ベースロード電力として用いられる．ダム式発電は貯水が可能で，電力需要と貯水量を見比べながら必要時に必要なだけ発電することができる．

　世界的に見ると，年間発電量として 17 兆 kWh 以上という大量の未開発水力地点があると言われている．水力発電量の多い国は，中国，カナダ，ブラジルの順で，日本は8番目である．日本の総発電量は 2011 年現在 $8.0\,\%$ で，揚水を含む全水力発電の設備容量は 2008 年度で $48\,\mathrm{GW}$ である．最近，大規模ダムに対する世間の目は厳しく，ダムの底に沈む住民の犠牲を伴うこと，決壊事故の可能性があること，魚が川を遡れないことがあること，山地の栄養分が海に運ばれず漁業にも悪影響をもたらすこと等が指摘されている．

　揚水式発電は，水を上げることに伴うエネルギー損失があり，他の方式に比べて割高だが，電力需要のピーク部分に対応する供給電力として用いられている．日本には 48 箇所の揚水発電所があり，発電容量は計画中のものを含めると全体で $30\,\mathrm{GW}$（原発 30 基分）である．揚水発電所は，上部貯水池と下部貯水池の2つの貯水池を持ち，夜間等の電力が余る時間帯に揚水用モータを動かして下部貯水池から上部貯水池に水を汲み上げる．電力需要のピーク時に上部貯水池に貯めた水を下部貯水池に落として発電する．揚水発電所は，揚水で消費する電力の7割程度を落水で発電できると言われている．

　従来の揚水発電は，揚水のためにモータを動かしている際の消費電力が調整できなかった．このため，夜間の電力需要の少ない時間帯に出力変動を調整する目的で小出力の火力発電所を別に動かす必要があった．可変速揚水発電は，揚水の速度を 0.01 秒単位で変化させて消費電力を調整し，系統で生じた出力変動を吸収することができる．それによって周波数調整用の火力発電所を動かす必要がなくなる．

2011年3月の原発事故以来，水力発電を見直し，小型発電所を造る動きが起きている．小型発電所の中で200kW未満の発電設備の各種手続きが簡素化され，マイクロ水力発電と呼ばれる．マイクロ水力発電の利点は，ダムや大規模な水源を必要とせず，小さな水源で比較的簡単な工事で発電できることにある．このため，山間地，中小河川，農業用水路，上下水道施設，工場，ビル施設，家庭等における発電も可能で，マイクロ水力発電の未開発地は無限にある．例えば，山地から海までの傾斜が大きい富山県では，未開発の小型水力発電所の建設計画や農業用水の流れを利用したマイクロ水力発電所建設の動きが起きている．

　マイクロ水力発電は，水源のある場所であれば設置が可能で，エネルギーの回収にも利用できる．具体的には，工場，高層ビル，病院等には空調，用水，排水のために配管類が巡らされていて，水（冷温水）が高い位置から低い位置（地下）までの高低差において循環している．その落下時の水流によって羽根車を回転させ発電を行い，電力としてエネルギーを回収することができる．上水道は，遠くの家に水を送るために水圧を掛けて配水しているが，浄水場近くでは圧力が高すぎるため減圧することがあり，その圧力を使って水力発電を行うことができる．下水道は，最終処理施設から河川や海域に放水するまでの落差を使って発電ができる．マイクロ水力発電は，地方におけるエネルギーの地産地消としての活用も可能である．

まとめ　ダム式水力発電はデメリットも大きく，最近は新規建設がない．揚水式発電は電力需要のピーク部分に対応するため，日本には30 GWの設備容量がある．揚水式発電の夜間の汲上げの際の出力変動を吸収するために小型の火力発電所を稼働させる必要があったが，近年，可変速揚水発電が可能になったので火力発電所の稼働は不必要になった．原発事故後，200 kW未満のマイクロ水力発電が見直され，各地で建設がなされている．山間地，中小河川，農業用水路，上下水道施設，工場，ビル施設，家庭等でも発電が可能である．

17話　自家発電の役割？

　2011年3月の福島第一原発の事故以来，原発の停止が相次ぎ，電力の供給不安が生じる状況下での自家発電の役割がクローズアップされた．日本では，大口消費者である企業の消費電力の3割程度は自家発電によって賄われており，鉄鋼31.7%，化学工業22.7%，紙パルプ12.7%となっている．病院，放送局，鉄道等でも停電に備えて蓄電池とともに自家発電を採用している．

　自家発電の発電機には，電力会社と同様の石炭や天然ガスを燃料とする大型のものもあるが，多くはディーゼルエンジン，ガスタービンエンジン等を用いた小型の火力発電である．燃料としては重油または軽油が使用されるが，灯油を使用することもできる．自家発電は，単に電力を供給するだけではなく，廃熱を利用して蒸気，温水等の熱エネルギーも同時に供給する場合もある．その場合，総合熱効率は60%近くになっている．

　1995年の電気事業法改正により部分的であるが電力の自由化がなされた．それにより可能になった卸売電力に参加する独立系発電事業者(IPP)がある．さらに，2000年に特定規模電気事業者(PPS)が認められてからは，比較的大きな発電設備を持つ企業を中心に売電事業に積極的に乗り出すところも現れた．IPPには，鉄鋼会社，NTT，トヨタ，ガス会社，JR各社，石油会社，さらに商社の子会社等の大企業が多く，福島原発事故以来，発電能力を増強している企業も多くある．これら事業者の発電能力を合計すると50 GW程度である．そのうち相当部分は自家用に消費するが，かなりの発電余力がある．

　PPSは全国に46社あり，その最大手はNTTファシリテイーズ，東京ガス，大阪ガスが共同で設立したエネット社で，3 GWの発電能力を持っている．顧客は，官公庁，学校，スーパー等の商業施設，オフィスビル等の7,000件に及んでいる．

　六本木ヒルズでは，六本木エネルギーサービスが東日本大震災直後から，PPSとして東京電力に対して昼間4 MW（一般家庭約1,100世帯分），夜間3 MWの電力を売って話題になった．発電は都市ガスを燃料とし，ガスタービンエンジン発電機が6基，能力は合計3万8,660 kWある．災害時に都市ガス供給が止まった場合に備え，灯油で3日間は発電できるそうである．通常，六本木ヒルズ内にある森タワー，住居部分のレジデンスに加え，テレビ朝日にも冷暖房用の冷熱，給湯用等の温熱を供給している．発電と熱供給を合わせたエネルギー効率は70～80%で，大規模発

電所に劣らない高効率を実現している．都心にある発電所であるため，「環境面の配慮は欠かせない」として，ガス燃焼で生じる排ガスは六本木ヒルズの敷地内にある煙突から排出されるが，三元触媒を使った処理装置により窒素酸化物(NOx)や硫黄酸化物(SOx)は基準値の半分以下である．災害時，街の機能維持や復旧活動において常に電力を供給できる非常用電源となっている．

　自家発電の役割は増大しているが，資源エネルギー庁の統計では，全国の企業の自家発電設備の定格出力合計は 60 GW で，東電 1 社分とほぼ同規模である．このうち火力発電が最も多く 35.7 GW で，燃料は化石燃料である．ただ，中には設備が古くて発電効率が低く，電力会社から買った方が安いものも含まれている．発電の中に水力発電 4.3 GW，風力発電 2.2 GW あるのが注目される．

　自家発電の役割増大の背景には，電力の部分的自由化が行われてきたことがある．現状では，電力会社が送電線使用量を高く設定しているため，PPSは電力を安く売れない．自家発電企業の中には，「電力会社の送電線を使わなければもっと安くなる」と，自社の敷地内に発電所を造り，そこから工場等の施設に送電しているケースもある．

　東京電力は，燃料費の調達コストの上昇を理由に，大口の電気料金を 2012 年より値上げした．企業や自治体では少しでも安い電力を購入するため，PPSからの購入を検討している．ただ，PPSの電力供給能力には限りがあるため，注文に応じ切れていないようである．電力の自由化と送配電分離が行われれば，PPSの参入業者が増え，電力供給能力が増えるものと考えられる．

まとめ　日本では産業用電力大口消費の 3 割程度が自家発電で供給されている．病院，放送局，鉄道等でも停電に備えて自家発電を採用している．自家発電には石炭や天然ガスを燃料とする大型のものもあるが，多くはディーゼルエンジン等の小型の火力発電である．1995年より電力の部分自由化がなされ，IPPやPPSと呼ばれる業者が市場に参入し，2011年の電力不足時に存在感を示した業者もある．全国の自家発電設備の定格出力合計は 60 GW であるが，中には稼働率が低い古い設備もある．

18話　ゴミ発電の現状？

　ゴミ発電は，可燃性廃棄物の焼却熱によって蒸気タービンを回し発電する．廃棄物の衛生処理，減容処理に加え，資源をエネルギーとして再利用する．得られた電力は施設の運用に使用し，残りを電力会社に売電する．日本のゴミ発電のコストは，14円/kWhで，再生可能エネルギーの中でも効率の良い方なので総発電能力は年々増加している．北ヨーロッパではゴミ発電が普及しているが，燃やすゴミが不足してきており，ゴミをイギリス等から輸入しているそうである．

　ある統計では，家庭等から排出される一般廃棄物は年間5,120万tで，国民1人が1日当たり約1.1kg排出した計算になる．このうち70％は直接焼却され，残りが粗大ゴミ処理処分や再資源化されている．この排出量をはるかに上回るのが産業廃棄物で，総排出量は約4億1,500万tで，直接焼却される廃棄物重量は総排出量の43％を占め，約1億8,000万tになる．

　従来タイプのゴミ発電は，加熱機の金属材料の腐食を避けるため，蒸気温度は300℃以下に設定され，廃棄物発熱量も低いし，発電効率も低く10～12％である．蒸気温度を上げられない理由は，塩化水素ガス（ポリ塩化ビニル等の塩素を含むプラスチック等の燃焼により発生）等による金属材料の腐食のためである．発電効率を上げるには蒸気温度を上げる必要があり，高温腐食に耐えられるステンレス等の合金材料の選択，ボイラ構造の見直し等が行われている．埼玉県東部清掃工場では，蒸気条件380℃，37気圧で21％の発電効率，神奈川県相模原市の設備では，蒸気条件500℃，100気圧で25％を超える発電効率を実現している．

　ゴミ発電は，2012年7月に施行された固定価格買取制度によって余剰電力が17円/kWhで買い取られることになった．これによりゴミ処理事業における発電が重要な要素になるものと考えられる．ゴミ発電の実績は，2007年で7,132GWh，効率11.14％から，2012年には7,718GWh，効率11.92％と，総発電量も効率も大きくなっている．しかし，改善のテンポは比較的ゆっくりである．その要因を考えると，2012年時点で全国で1,188あるゴミ焼却施設で発電を行っているのが317施設にすぎない点が挙げられる．特に1日当たりの処理量が100t未満の604施設のうち発電を行っているのが13施設，100～300tの中規模施設では584施設のうち発電を行っているのは304施設しかない．固定価格買取制度の後押しによってこれらの施設での発電が行われると，総発電量が大きく増えると期待される．ゴミ発電は地域

に密着しており，これが行き渡ればエネルギーの地産地消の流れにも沿うものと期待される．

　スーパーゴミ発電は「複合ゴミ発電」とも言い，天然ガス等を燃料とするガスタービン発電とゴミ発電とを組み合わせたものである．ゴミ焼却により作られた蒸気をガスタービンの高温排熱でさらに加熱し，蒸気タービンの出力を増加させるシステムである．ガスタービンでは蒸気温度が非常に高く，排熱でも500〜600℃であるので，ガスタービンの排熱を回収し，廃棄物焼却炉で発生する蒸気を400℃程度まで加熱して蒸気タービン発電効率を上げている．これにより，従来，発電効率5〜15％であったのに対し，25％以上という高効率で発電することができる．さらに現在，ガス化溶融炉で発生したガスを直接燃焼するガスエンジン，ガスタービン方式によって発電効率をさらに向上させる「高効率ガス改質廃棄物発電方式」も開発中である．

　廃棄物固形燃料（RDF:refuse denived fuel）発電は，廃棄物を破砕，選別，粉砕，成形した固形燃料を利用して発電する．RDFは，生ゴミを粉砕，脱水した後，直径1.5 cm程度，長さ数cm程度のペレット状に圧縮成形され，軽量で悪臭がない．RDF方式は，水分を多く含む生ゴミを軽量化し，運搬費用を削減できるとともに，広域処理運営によって経済性を高められること，大型炉において24時間の高温燃焼運転をすることでダイオキシン類の発生が抑えられる点が特徴である．取扱い，輸送，貯蔵に優れ，発熱量が高く，高温蒸気が得やすい特徴がある．RDFは，小規模廃棄物の集中利用形態として注目されている．

まとめ　　ゴミ発電は可燃性廃棄物の焼却熱で蒸気タービンを回して発電し，廃棄物の衛生処理，減容処理に加え，資源をエネルギーとして再利用する．得られた電力は施設の運用に使用し，残りを電力会社に売電する．日本のゴミ発電のコストは14円/kWhで，総発電能力は年々増加している．ゴミ発電では加熱機の金属材料の腐食を避けるため，蒸気温度は300℃以下，廃棄物発熱量も低く，発電効率も10〜12％と低い．中には蒸気温度が500℃で，発電効率が25％を超えるものもある．

第4章　再生可能エネルギー

19話　太陽光発電の仕組みと普及？

太陽光発電は，太陽光線をシリコン等の半導体で構成した太陽電池に吸収させ，光エネルギーを直接電気エネルギーとして取り出すシステムである．

太陽電池の原理を**図10**（シリコン半導体の場合）に示す．電極は，酸化スズ等の透明な導電性材料でできている．太陽電池は，光が当たると負の電荷が発生するN型半導体と正の電荷が発生するP型半導体とを接合して電極を取り付けたものである．太陽電池に光が当たると，プラス側の電極とマイナス側の電極との間に電圧が発生する．**図10**の負荷と書いてある所に電球などを取り付けると，電流が流れる仕組みである．

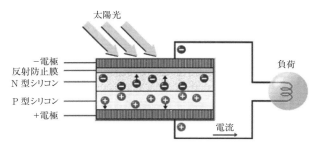

図10　太陽電池の原理［出典：オレンジエコ，http://orange-eco.jp/about/mechanism.html, 2016.1.29 アクセス］

図10で示した太陽電池の単体の素子は，セル（cell）と呼ばれる．発電パネルは，セル，モジュール，アレイから構成される．1つのセルの出力電圧は，通常0.5〜1.0Vである．セルを直列接続し，樹脂，強化ガラス，金属枠で保護したものをモジュールまたはパネルと呼ぶ．モジュール化により機械的強度も強くなり，取扱いや設置が容易で，湿気，汚れ，紫外線，応力からセルを保護する．モジュールの重量は，通常，屋根瓦の1/4程度である．モジュールを複数枚並べて直列接続したものをさらに並列接続したものをアレイと呼ぶ．

太陽光発電モジュールで発電された電気は直流で，家庭用に用いるためにパワーコンディショナで通常100Vの交流電圧に変換される．交流電源は分電盤を通して家庭用に使われるが，余った場合は電力会社に逆送し買い取ってもらうことにな

る．夜間等で発電が需要に満たない場合は電力会社の電気を使う．

　太陽光発電システムには，大部分の製品が稼働できると推測される期待寿命と，メーカーが性能を保証する保証期間がある．屋外用大型モジュールの場合，期待寿命は 20 〜 30 年と考えられている．太陽光発電は大きな設置面積を必要とするが，設置場所を選ばない．日本における導入可能な設備量は 100 〜 200 GWp（Wp はピーク時の発電ワット）程度とされ，その発電量は日本の年間総発電量の 10 〜 20 % に相当する．

　太陽光発電は，設備の製造時にかなりのエネルギーを使うため温暖化ガスの排出を伴うが，運転中は全く排出しない．

　太陽光発電の効率は，現在，主力のシリコン系ではモジュールベースで 16 % 程度（単セルでは 25 % 程度）である．この効率を大幅に引き上げることが必要である．シリコンは可視光線の中の 1 波長の光しか利用できず，原理的に 30 % 以上の効率にはできない．これを 25 % 程度にする開発が進行している．

　太陽光発電装置は，導入時の初期費用は高額となるが，性能向上と低価格化や施工技術の普及が進み，運用と保守の経費は安価であるため世界的に需要が拡大している．コストは変換効率が向上すれば低下するが，寿命の向上，はんだによる接続，パワーコンディショナ等のメンテナンス技術等が進化すれば下がる．そのためには，メンテナンス技術の向上も推進する必要がある．

まとめ　　太陽光発電は，太陽光線をシリコン等の半導体で構成した太陽電池に吸収させ，光エネルギーを電気エネルギーとして取り出すシステムである．太陽電池の単体の素子セルの出力電圧は 1 V 以下だが，複数のセルを直列接続してモジュール化し，モジュールを複数枚直列接続したものを並列接続して高電圧，高電流を得る．太陽光発電で得られる電気は直流なので，家庭用にはパワーコンディショナで通常 100 V の交流電圧に変換される．余った場合は電力会社に買い取ってもらう．

20話　次世代の太陽光発電？

　多接合型太陽電池（スタック型，積層型，タンデム型とも呼ばれる）は，利用波長の異なる太陽電池を複数積み重ねた太陽電池である．太陽光のエネルギーを無駄なく利用することで変換効率の向上を図っている．太陽光の短波長の光は大きなエネルギーを持ち，大きな禁制帯幅を超えて大きな電圧を得ることができる．しかし，禁制帯幅を拡げると，長波長の光は素通りして利用されない．そのため，禁制帯幅の異なる複数の pn 接合素子を積層し，光の入射側の素子から順に短波長の光を利用して発電し，より長波長の光はより下層の素子で利用する．無限に接合を増やせば，理論的には約 86 ％の変換効率になると計算されるが，実際には，上層の素子を通過する際の光の損失や素子間の電流の整合の問題で，それより低くなる．GaInP/GaAs/Ge の 3 接合セルで 30 ％を超える効率が得られ，主に宇宙用に用いられている．2012 年 5 月時点で，シャープが InGaP，GaAs，InGaAs の集光型化合物 3 接合セルで 43.5 ％の効率を達成している．

　色素増感太陽電池は，有機色素を用いて光起電力を得る太陽電池で，2 枚の透明電極の間に有機色素を吸着させた二酸化チタン層とヨウ素等の電解質を挟み込んだ構造である．発電原理は，二酸化チタン層に吸着した有機色素が光を吸収し励起され，電子は粒子が連なった二酸化チタン層から電極を通ってセル外に運ばれる．一方，ヨウ素は反対側の電極から電子を受け取ってイオン化し，色素に電子を渡して元に戻る．製造が簡単で，材料も安価なことから大幅な低コスト化が見込まれ，最終的には現在主流の多結晶シリコン太陽電池の 10 〜数 10 ％のコストで製造できると言われている．また，軽量化，着色も可能等の特長を持つ．現在の課題は効率と寿命で，技術的改良が進められている．2012 年 9 月時点で，東大のチームが 12.5 ％のエネルギー変換効率を達成している．

　有機薄膜太陽電池は，導電性ポリマーやフラーレン等を組み合わせた有機薄膜半導体を用いる．次世代照明／TV の有機 EL の逆反応として研究が進展した．有機 EL は p 型と n 型の有機半導体を積層し，電気を流すと鮮やかに発光する現象だが，太陽電池は光を吸収して電気を得る．光を受けると，電子とホールが結び付いたエキシトン状態のものが電荷分離界面に到達して自由なキャリア（電子，ホール）になり，電極から取り出される．界面に到達しない間に消滅するエキシトンも多いという課題がある．そのため，pn 接合部を内部に行きわたらせた超階層ナノ構造セルと

することを目指している．この方式は，最も安価で，大量に太陽発電可能な方式と言われている．高速輪転機印刷が可能になり，コストが1/10に下がり得ると期待されている．ここでも課題は変換効率と寿命で，2012年5月，三菱化学が開発した効率11.0％と寿命10年が世界記録である．

　量子ドット型は使用する材料がまだ特定されていないが，量子効果を用いた太陽電池として検討されている．例えば，p-i-n構造を有する太陽電池のi層中に大きさが数nm～数10nm程度の量子ドット構造を規則的に並べた構造等が提案されている．この量子ドットの間隔を調整することで，基の半導体（シリコン，GaAs等）の禁制帯中に複数のミニバンドを形成できる．これにより，単接合の太陽電池であっても異なる波長の光をそれぞれ効率よく電力に変換することが可能になり，変換効率の理論限界は60％以上に拡大する．一般的な半導体プロセスよりもさらに微細な加工プロセスの開発が必要である．2012年6月，東北大学がシリコンを使用した量子ドット型太陽電池で12.6％の変換効率を達成している．

　表3に各方式の原理と方法，開発の現状をまとめて示す．

表3　次世代の太陽光発電

	原理と方法	開発の現状
多接合型	可視光の利用波長の異なる電池を複数積み重ねたもの	GaInP/GaAs/Geセルで30％を超える効率，GaInP/GaAs/InGaAsセルで43.5％の効率
色素増感型	TiO_2層に吸着した有機色素が光を吸収し励起される	12.5％の効率を達成
有機薄膜	有機薄膜半導体が光を吸収して励起される	11％の効率と寿命10年を達成
量子ドット型	p-i-n構造の電池のi層中に10nm程度の量子ドット構造	12.6％の効率を達成

> **まとめ**　多接合型太陽電池は複数のpn接合素子を積層し，光の入射側の素子から順に短波長の光を利用し，長波長の光はより下層の素子で利用する．色素増感太陽電池は，2枚の透明電極の間に有機色素を吸着させた二酸化チタン層とヨウ素等の電解質を挟み込む．有機薄膜太陽電池は，導電性ポリマーを組み合わせた有機薄膜半導体を用いる太陽電池で，光を吸収して電気を得る．量子ドット型太陽電池は，p-i-n構造のi層中に大きさが数nmの量子ドット構造を規則的に並べた構造を形成する．これらの理論変換効率は50％以上である．

21話　風力発電の仕組みと課題？

　風力発電は風の力を利用した発電方式で，開発可能な量だけで人類全体の電力需要を十分に賄えると言われている．風力発電は世界的に大規模な実用化が進んでおり，2010年は世界の電力需要量の2.3 %，2020年には4.5〜11.55 %に達すると言われている．2010年末の風力発電の累計導入量は194 GWに達し，中国が42 GW，アメリカ，ドイツ，スペインと続いている．日本はまだ2.4 GWで，世界で18番目と大きく出遅れている．ヨーロッパおいて導入が先行しており，最近，中国等のアジアでの伸びが顕著である．政策的には，ヨーロッパのほとんどの国が固定価格買取制度と呼ばれる制度を軸として普及を進めている．最も進んでいるデンマークでは，既に国全体の電力の20 %以上が風力発電によって賄われ，2025年には50 %以上に増やすとしている．日本での陸上における導入量は，2050年までに25 GWのシナリオが提示されている．洋上発電まで考慮すると，合計81 GW程度まで利用可能と言われている．

　風力発電の出力は，風を受ける面積に比例し，風速の3乗に比例する．したがって，風の強い所での立地が望まれるが，風が強すぎると風車が壊れることになる．上空ほど風が強いので，丘等に立地される．2,000 kW発電用の風車の場合，ロータの直径が70 m，高さが120 mになる．風力発電は燃料を使わないという意味では環境に優しく，小規模分散型の電源であるため，離島等の地域の電源として活用でき，事故，災害等の影響を最小限に抑え，修理，メンテナンスに要する期間を短くできる長所がある．短所は，出力電力の不安定，不確実性と，低周波振動，騒音による健康被害等の周辺環境への悪影響の問題がある．また，風車のブレードに鳥が巻き込まれて死傷する問題，景観が威圧的になり，観光客が減少する可能性が指摘されている．逆に，風力発電所を小高い丘に建設し，隣接して公園，レストラン，ビーチ，オートキャンプ場，バーベキューハウス等を建設し，多角的な地域活性化施設として成功している例もある．そして，落雷，地震，強風等で風車が故障したり，事故になったりする場合がある．2003年9月，台風により宮古島にあった7基の風力発電機が壊滅した．これは最大瞬間風速が近辺の観測値で秒速74 mに達し，国際規格の最高クラスの規定値（秒速70 m）をも超えたためである．

　日本国内での風力発電（出力10 kW以上）の累計は，2014年度で約2,034基，総設備容量約294万kWである．1基当たりの出力は年々大型化しており，設備容量

1 MW以上の機種が大部分を占めるようになっている．風力発電の立地には，台風等の被害が少なく一定の風力が見込める地域，特に北海道，東北等が適している．ただ，北海道等には風力発電の立地に適した場所がたくさんあるが，そのような場所は住民が少なく，送電の費用が多く掛かるという問題がある．

陸上の風力発電の問題点を克服するため，洋上風力発電が登場した．洋上では風向きや風力が安定しており，安定した発電が可能となり，立地確保，景観，騒音の問題も緩和できる．水深が浅い海域において，海底に基礎を建て，大規模な洋上発電所を建設する例が各国で見られる．デンマークを中心に建設が進み，近年になってヨーロッパ全域に広がっている．水深が深い場所では，浮体式の基礎を用いる方式も検討中である．浮体式洋上風力発電を実用化するため，環境省は日本初の実証実験を長崎県五島市の椛島沖で計画している．まず，100 kW以下の試験機を設置して各種の調査を行い，2 MW級の実証機の開発を目指している．年平均風速は秒速7.0 m（高度70 m）で，十分な事業可能性があるとされている．

現時点でも，風力発電は100 kWクラス以上であれば，火力発電等と比較してコストは同程度で，今後さらにコスト的に優位になる可能性がある．ただし，10 kWクラス以下であると，1 kW当たり20～30円と割高となる．風力発電所は一度設置すると，その後は化石燃料の価格変動による影響は少なく，事業が安定化する利点がある．日本では，電力会社は風力発電事業にどちらかと言えば消極的で，自治体による「自治体風車」や市民グループによる「市民風車」等のプロジェクトの取組みが進んでいる．

まとめ 風力発電の出力は風速の3乗に比例するが，風が強すぎると風車が壊れる．風力発電は，燃料を使わないという意味で環境に優しく，小規模分散型の電源であるため，離島や地域の電源として活用できる利点がある．一方，出力電力の不安定性，不確実性と，低周波振動や騒音による健康被害等，周辺の環境への悪影響の問題がある．風力発電に適した地域は消費地から離れている場合が多く，送電に費用がかかる．

22話　地熱発電の仕組みと課題？

　地熱を利用できる地域では地下数 km の所に約 1,000 ℃のマグマ溜りがある．地中の浸透した雨水等がマグマ溜りで加熱され，地熱貯留層を形成する．
　地熱発電は，地熱貯留層にある天然の水蒸気をボーリングによって取り出し，蒸気タービンを回して電気を得る．地熱発電は，探査，開発に比較的長期間を要するリスクがある．しかし，再生可能エネルギーの中でも安定的な出力が期待できない太陽光発電や風力発電とは異なり，安定して蒸気を得られ，ベースロード電源として利用可能である．
　現在利用されている地熱発電は，ドライスチーム，フラッシュサイクル，バイナリーサイクルの3つの方式がある．ドライスチームは，蒸気井から得られた蒸気がほとんど熱水を含まない場合で，簡単な湿分除去を行うのみで蒸気タービンに送って発電する．フラッシュサイクルは，蒸気に多くの熱水が含まれているので，蒸気タービンに送る前に汽水分離器で蒸気のみを分けて発電する．この方式が日本の地熱発電所の主流である．バイナリーサイクルは，地下の温度，圧力が低く，100 ℃以下の熱水しか得られない場合であっても，ペンタン等の水よりも低沸点の媒体を沸騰させ，タービンを回して発電する．地熱流体から熱だけを取り出し，流体は地下に還流するため，地下貯留層に対する影響が少ない．発電設備1基当たりの能力は 2,000 kW で，設置スペースは幅 16 m，奥行き 24 m と，コンビニ程度の敷地内に発電設備が設置されている．地熱発電の仕組みを**図 11** に示す．
　地熱発電は，発電量当たりの二酸化炭素排出量が小さいのが特徴で，原子力発電の排出量 20 g/kWh に比べても 13 g/kWh と少なく，温暖化対策にも有効である．

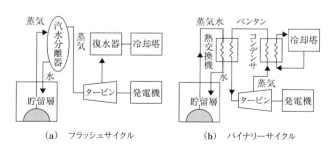

(a) フラッシュサイクル　　　(b) バイナリーサイクル

図 11　地熱発電の仕組み

地熱発電は，天候や昼夜を問わず安定した発電ができるのが強みで，長期間の運転が可能，かつ事故の危険性も少ないとされている．原理的に燃料を使用しないので，燃焼による環境汚染も少ない利点がある．

地熱発電では，温泉が出なくなるとの懸念から温泉地での反対運動が起こることがある．温泉発電は，高温すぎる温泉（例えば，70〜120℃）の熱を50℃程度の温度に下げる際，余剰の熱エネルギーを利用して発電する方式である．熱交換にはバイナリーサイクル式が採用され，熱媒体には低沸点のペンタン等が利用される．発電能力は小さいが，占有面積が小さく，熱水の熱交換を利用するだけなので，既存の温泉の源泉の湯温調節設備として設置した場合，源泉の枯渇問題，有毒物による汚染問題，熱汚染問題とは無関係な方式である．地下に井戸を掘るなどの工事は不要で，地熱発電ができない温泉地でも適応可能であるなどの利点がある．

地下に高温の岩体が存在する箇所を水圧破砕し，水を送り込んで蒸気や熱水を得る高温岩体発電の技術も開発されつつあり，地熱利用を拡大する技術として期待されている．既存の温水資源を利用せず，温泉等とも競合しにくい技術とされ，38 GW以上に及ぶ資源量が国内で利用可能と見られている．

地熱発電は，近年，コスト面でも費用対効果が向上しており，火力や原子力と十分競争可能となってきている．地熱発電推進のネックの一つは，地熱発電の候補地の多くが国立公園，国定公園内にあることである．福島原発事故により再生可能エネルギー開発が喫緊の課題となったことを受け，国立公園，国定公園の中でも環境保全が特に必要な特別地区での開発は認めないが，それ以外の地区では，地域外から地下に掘り進む「斜め掘り」等の景観や生態系保護に配慮した技術を使うことを条件に地熱資源利用を認めるとのことである．

まとめ　　地熱発電は，地熱による天然の水蒸気をボーリングによって取り出し，蒸気タービンを回して電気を得る．蒸気を直接用いる場合と，低沸点の媒体を熱水で沸騰させる方法等がある．地熱発電は，探査や開発に比較的長期間を要するリスクがあるが，ベースロード電源として利用できる．地熱発電推進のネックの一つが，候補地の多くが国立公園や国定公園内にあることである．国では，そのような場所でも景観や生態系保護に配慮することを条件に利用を認める方針になりつつある．

23話　海洋エネルギー発電の仕組み？

　海洋エネルギー発電に波力発電，潮流発電，潮汐発電，海洋温度差発電がある．

　波力発電は，海岸で波が絶え間なく寄せては返す波の力で電気を作る．波が上下する力で空気の流れを作り，この空気の流れでタービンを回す．波打ち際に波を半分覆うようにチャンバを設け，波の上方にある空気が閉じ込められるようにする．波の寄せ引きによって空気が圧縮されたり膨張されたりするが，空気の流れに関わらず一定の方向に回転する羽根が付いたウエルズタービンを回し，発電する．2000年にスコットランドの島に導入され，500 kW の商用発電が実現している．波の荒れることの多い日本海では有望な発電方法である．短所は，海上から陸上の変電所までの送電に難点があること，自然条件の影響を受けるため発電が不安定あること，海洋生物への影響があること，まだ費用が高いこと等である．

　潮流発電は，潮流のエネルギーをタービンの回転運動に変え発電する．日本近海には，黒潮という非常に流速が速く，流量の大きい海流がある．平均流速が大きい海流中に巨大な海洋構造物を設置することは困難と考えられていたが，近年，北海油田のリグのような海洋建造物の例があり，技術環境は整いつつある．潮流発電のエネルギーは，流れの速い瀬戸や海峡と呼ばれる所が有利で，瀬戸内海と九州を中心にいくつかの実験が行われている．発電サイトが陸地から離れているため，送電には海底送電ケーブルが考えられているが，電気エネルギーを水素等に変換して輸送する方法も検討されている．また，日本近海の主要潮流のエネルギーの合計は，電力中央研究所の計算によると年間発生電力量 60 TWh と試算されている．

　潮汐発電は，天体の運行（月の引力）によって生じる干満の潮差を利用して発電する低落差の水力発電の一種である．日本では潮位の差が少ないため，経済性に難点がある．フランスでは，ランス発電所が 10 MW の発電機を 24 台備え，1967 年から商業用として大きな事故もなく稼働している．イギリスのセバーンは狭い河口にあり，潮汐差は 15.5 m にもなるので，発電容量 8,000 MW の発電所が計画中である．

　海洋温度差発電は，太陽熱で温まった海の表面水と，冷たい深海水の温度差を利用する発電である．日本周辺や熱帯，亜熱帯地域の海洋における海水の温度は，一般に海表レベルで 20～30 ℃，約 700 m の深海では 2～7 ℃と言われいる．この発電方式には，作動流体（アンモニアと水の混合体等）をポンプで汲み上げた温海水で気化し，タービンを回転した後，ポンプで汲み上げた冷海水で凝縮させて発電する

方式と，温水そのものを気化発電する方式とがある．海洋温度差発電は，天候等の環境に左右されにくく，年間を通じて安定した発電が可能である．実用化されればベース電源として用いることができる．ただ発電所の設置には条件があり，実用化には20℃程度の温度差が必要であると言われている．日本での適地は，沖縄，小笠原諸島等で，本州付近で実用化するには，工場での温排水等を活用する必要がある．島根沖，徳之島，伊万里，富山湾での実証試験が実施されているが，まだ発電プラント単体では経済性を見い出せない状況である．しかし，発電ばかりでなく，栄養塩を利用した海洋生物生産性の向上，低温性を利用した海水淡水化等のトータルシステムとして有効利用すれば，総合コストが下がる可能性がある．

　もう一点，海洋温度差発電に期待されるのは，二酸化炭素の削減効果である．深層水には栄養源や植物プランクトンが豊富で，二酸化炭素を吸収して深海に引き込む作用がある．

　海洋エネルギー発電の種類と原理を**図12**に示す．

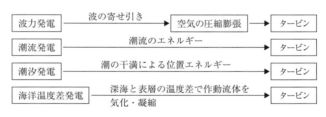

図12 海洋エネルギー発電の種類と原理

　まとめ　波力発電は，波が上下する力で空気の流れを作り，タービンを回し発電する．潮流発電は，潮流のエネルギーをタービンの回転運動に変え発電機を回す．潮汐発電は，天体の運行によって生じる干満の潮差を利用して発電する．海洋温度差発電は，太陽熱で温まった海の表面水と冷たい深海水の温度差を利用する発電である．アンモニア等の作動流体を温海水で気化しタービンを回転させて発電する．いずれの方式も日本ではまだ実用化していない．

24話　バイオマスエネルギーの開発状況？

　バイオマスとは，ある空間に存在する生物，特に植物の量を物質の量として表現したもので，生物由来の資源を指すこともある．バイオマスは，有機物なので燃焼させると，二酸化炭素が排出される．これに含まれる炭素は，そのバイオマスが成長過程で光合成により大気中から吸収した二酸化炭素に由来し，バイオマスを燃焼させても全体として見れば二酸化炭素量を増加させておらず，カーボンニュートラルと呼ばれる．

　バイオマスの分類を**表4**に示す．農林水産業からの畜産廃棄物，木材，藁，籾殻等の有機物からのエネルギーや生分解性プラスチック等の生産，食品産業から発生する廃棄物，副産物の活用を進めている．日本では，古来より落葉や家畜の糞尿を肥料として利用し，里山から得られる薪炭を燃料として活用してきた．

表4　バイオマスの分類

廃棄物系	農林水産系	農業	稲藁,麦藁,籾殻
		畜産	家畜糞尿
		林業	間伐材,被害木,おが屑
	廃棄物	産業	下水汚泥,建築廃材,黒液,食品廃材
		生活	生ゴミ,廃油
栽培作物系	サトウキビ,トウモロコシ,コムギ,イネ,海藻		

　バイオマスの利用法として，まず燃焼する方法がある．直接燃焼して蒸気タービンを回して発電する方法があるが，燃焼温度が低いため効率が良くない．近年，各電力会社が火力発電所での石炭と間伐材等との混焼を進めている．

　バイオマスから発電用のガス，液体燃料を製造する方法がある．流動床炉にバイオマスと砂等を入れ，空気，水蒸気を通して $800 \sim 1,000$ ℃で加熱すると，水素と一酸化炭素ガスを得ることができ，発電用に使われる．また，下水汚泥，厨房ゴミ，家畜糞尿，海藻のように含水率が高いものを加熱乾燥して処理するのは，水分を多量に蒸発させることになり，エネルギー消費が多くなる．この処理を高温，高圧で行うと，水を蒸発させることなくバイオマスの熱分解が進み，ガス化，液化が容易に進行する．これらのガス，液体は発電等の用途に利用できる．

バイオマスである生ゴミ等をメタン菌で発酵させてバイオガスを発生させ，それを燃料電池に供給して発電する方法が神戸市のポートアイランドで実用化している．これ以外にも，家畜の糞尿等からのメタンの精製（バイオガス），生物起源の可燃廃棄物等の利用，下水汚泥，木質廃材，食品残渣，茶かす，わら屑等の燃焼ガスへの利用，木質バイオマス発電，製紙パルプ製造工程での黒液のバイオマス発電，木質バイオマスのガス化による水素，合成ガス，メタノールの生成等が考えられ，一部で実施されている．

バイオマス燃料の一つがバイオエタノールである．植物由来の資源を発酵させて抽出するエタノールで，原料はサトウキビ，トウモロコシが知られているが，イネ，木質廃材，廃食用油等も利用できる．イネを使う場合，イネの休耕田と耕作放棄地に多収米を栽培してバイオエタノールにすることで休耕田の有効利用にもなり，バイオマス燃料の増産にもなる．バイオエタノールは，ガソリンと混ぜて混合燃料として用いるのが一般的である．自動車の燃料化等の課題には，収集コスト，発生熱量，食料とのトレードオフ，耕作地の確保，加工コスト等がある．

バイオマス関連市場は，2010年の約300億円から10年後には2,600億円に増えるとの試算がある．政府では，バイオマスを総合的に有効利用するシステムを構想し，実現に向けて取り組む市町村を「バイオマスタウン」と命名し，2011年4月現在で318地区を指定している．また，東日本大震災によって生じた瓦礫（主に木材）を燃料に使う木質バイオマス発電の普及に乗り出している．森林バイオマスでも，ヤナギ，ポプラ等の成長の速い植物を植え，これを刈り取って燃料にする試みも始まっている．

まとめ　バイオマスとは，ある空間に存在する生物，特に植物の量を物質の量として表現したもので，生物由来の資源を指すこともある．家畜の糞尿等からのメタンの精製，生物起源の可燃廃棄物，下水汚泥，木質，食品残渣，茶かす，わら屑等からメタンガス等の可燃性ガスや液体の利用，木質バイオマス発電，製紙パルプ製造工程での黒液のバイオマス発電，木質バイオマスのガス化による水素，合成ガス，メタノールの生成等の技術が開発され，一部実用化している．

第 5 章　原子力エネルギー

25話　原子力発電の仕組み？

　日本の原発は，火力発電と同様に，水を加熱して水蒸気を発生させ，その水蒸気でタービンを回して発電している．違いは，火力発電では熱源に化石燃料を使い，原発では核燃料(酸化ウラン)を使うということである．天然に存在するウランには，核分裂をするウラン235（質量数)が約0.7％含まれ，残りは核分裂をしないウラン238（質量数)である．核燃料のウラン燃料は，核分裂をするウラン235の割合を3〜4.5％にまで濃縮している．そうしないと核反応が継続して起こらないからである．

　ウラン235に中性子が衝突すると，ウラン236が生成する．ウラン236は非常に不安定な核で，様々な核分裂反応が起き，多様な核種が生成する．放射能の点で特に問題となる核種は，ヨウ素131とセシウム137である．

　また，これらの核分裂反応の結果，生成する中性子が核燃料中に95％以上含まれるウラン238に衝突しウラン239が生成され，β崩壊を繰り返してプルトニウム239に変わる．こうして生成されたプルトニウム239は，核分裂の連鎖反応を起こして熱エネルギーを発生する．したがって，ウラン燃料を用いる原発は，ウラン235の核分裂だけでなく，プルトニウム239の核分裂を通じて発電を行っている．原発による発電量の約30％はプルトニウム239の核分裂による．

　日本の原発は，水蒸気を発生させタービンを回して発電するが，そのほとんどが沸騰水型(BWR)か加圧水型(PWR)で，いずれも軽水，つまり普通の水を使っているので軽水炉と呼ばれている．水は炉心を冷却する作用と中性子を減速する作用（核分裂を促す作用)とを持っている．中性子の減速作用は，核反応が継続して起こるようにする役目をしている．

　原子炉の出力制御のためには，炉内の中性子数を調整して反応度を制御する．停止状態の原子炉には中性子を吸収する制御棒が挿入されており，核分裂反応に伴う中性子を吸収して臨界状態にならないようにしている．原子炉の起動時は，制御棒を徐々に引き抜くことで炉内の中性子数を増加させ，臨界から定格出力になるまで反応度を上げていく．緊急時には，制御棒はすべて挿入し，原子炉を停止させる．加圧水型原子炉の仕組みを**図13**に示す．ウラン燃料は棒状で，燃料棒と呼ばれる．燃料棒はジルコニウム合金製の被覆管に収められ，それが60本程度束ねられたものが燃料集合体である．原子炉の中核には圧力容器と呼ばれる鋼鉄製の器があ

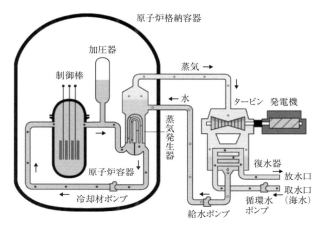

図 13 加圧水型原子炉の仕組み［出典：四国電力, http://www.yonden.co.jp/energy/atom/more/page_olb.html, 2016.1.29 アクセス］

り，その中心が炉心である．炉心には，数百の燃料集合体が垂直方向に横から支える形で置かれている．数百の燃料集合体は，圧力容器の中で高温，高圧の水蒸気の雰囲気の下にある．役目を終えた水蒸気は，復水器で凝縮され，給水ポンプで蒸気発生器に送られ，再び水蒸気になる．こうした水の循環は冷却系と呼ばれている．温水として海に捨てられる廃熱は，核反応によって生成する熱量の約 2/3 で，発電効率は 33 % 程度である．なお，沸騰水型の場合は，圧力容器には水が入っている．

> **まとめ** 日本の原発は，水を加熱して水蒸気を発生させ，タービンを回して発電している．原発は，ウラン燃料に中性子を当てて核分裂を起こし，発生する熱を利用する．核燃料集合体は，原子炉の中の圧力容器の中で全体が水または水蒸気に浸かっていて，沸騰水型の場合は核燃料集合体と接する水が沸騰する．加圧水型の場合は，圧力容器内にある蒸気発生器で水を水蒸気にする．発電のタービンは，水の冷却系を通して圧力容器と結ばれていて，水蒸気の供給を受けて発電する．

26話　福島第一原発事故はどのように起きた？

　福島第一原発は沸騰水型の原子炉である．沸騰水型原子炉の仕組みを**図14**に示す．**図13**と違うのは，圧力容器の中は水蒸気ではなく，燃料集合体がすっぽりと水に浸かっている点である．原子炉の運転時は，核分裂によって生成した熱によって燃料集合体と接する水が沸騰する．圧力容器は，注水口と蒸気口と呼ばれる2つの管でタービンと結ばれている．注水口からは，圧力容器に280℃よりやや低い温度の水が注がれ，蒸気口からは，圧力容器に280℃よりやや高い温度の蒸気がタービンに送られて発電する．

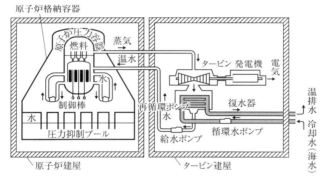

図14　沸騰水型原子炉の仕組み［出典：原子力安全協会, http://nagiwinds.blogspot.jp/2011/12/blog-post_2542.html, 著者一部変更, 2016.7.29 アクセス］

　圧力容器は，鉄筋コンクリート製の格納容器の中に収まっている．格納容器下部には圧力抑制プールがあり，水が入っている．格納容器は，原子炉建屋の中に入っている．原子炉建屋の中には，非常時に1次冷却系が機能しなくなった場合，炉心を冷却するため圧力抑制プールの水や外部給水経路の水を圧力容器内に水を送り込む非常用炉心冷却システムがある．

　2011年3月11日，東日本大震災により運転中の福島第一原発は非常停止したが，地震により外部電源が失われ，その後の大津波によって地下の非常用ディーゼル発電機も失われた．原子炉は停止しても，炉内の温度が高く，これを冷却し続けないと核反応が継続し，その崩壊熱が発生する．電源を失うと，給水ポンプを作動する

ことができず冷却ができなくなる．その後，非常用のバッテリーや消防車の放水等で冷却を試みたが，その場対応にすぎず十分な効果は出なかった．

そうしている間に水素爆発が次々と発生し，鉄筋コンクリート製の建屋が吹き飛んだ．原因は，燃料棒を収めている燃料被覆管のジルコニウムが高温の水蒸気と反応して水素が発生したためである（$Zr + 2H_2O \rightarrow ZrO_2 + 2H_2$）．水素には，酸素と混ざることで爆発する性質があるのはよく知られたところである．原子炉は，放射能の外部への漏れを防ぐため，圧力容器はもとより，格納容器や原子炉建屋も密閉した構造になっている．地震により生じたわずかな隙間を通して原子炉建屋全体に水素が溜まり，酸素と混合して水素爆発に至ったものと考えられる．水素爆発によって大量の放射性物質が大気中に放出され，広域的な放射能汚染を引き起こした．その後も冷却を続ける必要があったが，原子炉内のあちこちに穴が空き，汚染水が溜まり，その対応に手間取ることになった．

原子炉は，「止める，冷やす，閉じ込める」の思想で安全性を確保できると言われてきた．しかし，電源を失うことによって「冷やす」ができなくなり，結果，「閉じ込める」もできなくなった．東電や規制当局は安全性の思想を過信して，地震や津波のリスクを甘く評価した．防潮堤の備え，非常用電源の備え，重大事故時のマニュアルの整備等が不十分だったことが，大事故に繋がったものと考えられる．

まとめ　　運転中の福島第一原発は，地震により外部電源が失われ，大津波により非常用電源も失われた．原子炉は，停止しても冷却し続けないと核反応が継続し，崩壊熱が発生して炉内は高温になる．その後，燃料被覆管のジルコニウムが高温の水蒸気と反応して水素が発生し，水素爆発が起きて鉄筋コンクリート製の建屋が吹き飛んだ．水素爆発によって大量の放射性物質が大気中に放出され，広域的な放射能汚染が起こった．

27話　福島原発事故後の世界のエネルギー動向？

　福島原発事故を受け最も敏感に反応したのはドイツである．ドイツでは，この事故を受けて各地で反原発集会が行われ，脱原発を訴え続けてきた緑の党がドイツ州議会選挙で大躍進した．そして，ドイツ政府は，「2022年までにドイツにあるすべての原発を廃止する」ための法案を閣議決定した．

　イタリアでは，2011年1月に原発に関する国民投票の実施が決定していたが，その時点では国民投票が有効となる投票率50％以上にはならないと考えられていたようである．福島原発事故を受けてにわかに関心が高まり，2011年6月に行われた国民投票で脱原発が決定された．

　スイス政府は，2011年5月，原発の新設禁止と稼働開始後50年をメドにして順次閉鎖，2034年までに現在稼働中の原発5基を閉鎖することを閣議決定した．

　アメリカは，2012年現在，104基の原発を持ち，電力需要の約20％を賄っており，その規模は世界一である．福島原発事故を受けて多くの国民は原発反対に傾いたようであるが，オバマ政権は原発推進の立場をとっている．ただ，アメリカはシェールガスおよびシェールオイルの生産が伸びており，2015年現在，世界一のエネルギー生産国になったこともあり，原発の新規建設を行う環境にはない．

　イギリスも原発を推進していく方針のようである．イギリスでは19基の原発が稼働中で，4基の新規原発を計画中であるが，さらに2011年6月に8箇所の新規原発の候補地を公表している．

　中国も原発を推進していく方針に変わりはないようである．原発は13基あり，10.8 GWの発電能力を持つが，新5ヶ年計画では2020年までに8倍に増やすとしている．その背景として，人口の多い中国において今後の経済成長に見合うエネルギーを確保するためには，原発に頼らざるを得ない事情がある．電力供給の75％を石炭火力発電に依存しているが，石炭燃焼によるSOx，NOx，PM2.5等による大気汚染，酸性雨，二酸化炭素排出による温暖化，エネルギーの海外依存等から脱却したいと考えていると思われる．中国は自国の原発増設だけではなく，原発ビジネスとして新興国，途上国への売込みにも熱心に取り組んでいる．

　韓国には，2012年現在，21基の原発があり，発電容量は約1,870万kWで，国内発電量の約30％を賄っている．政府の計画では，原油価格上昇，温室効果ガス削減に対応するため，2030年までに原発の発電容量を全体の57％までに引き上げる予

定である．そして，途上国等への原発輸出に国策として取り組んでいる．

ロシアでも原発を推進していく方針に変わりはないようである．原発のシェアを現在の15％から段階的に25％にまで引き上げるとしている．ロシアは，インド，中国，ベトナム，ベラルーシで原発を建設中で，さらに輸出を伸ばそうとしている．

原発の推進国は，インド，パキスタン，ブラジル，メキシコ，アルゼンチン，台湾，ベトナム，トルコ等にも及んでいる．それだけでなく，サウジアラビア，UAE等の産油国までが原発建設に積極的である．その背景には，世界のエネルギー市場における石油のシェアの低下がある．第一次石油危機当時(1974年)の46.7％から2008年の32.7％と減少してきている．一方，石炭は23.5％から27.9％へ，原子力は1.1％から5.8％へと増加している．石油のシェアの低下は，石油の枯渇が近くなったということではないが，産油国では，石油の将来の枯渇に備え，今のうちから原発推進へと舵を切っているのである．

日本では福島原発事故を受け国民の反原発，脱原発感情が高まった．これを受け，当時の民主党政権は2020年代に原発を廃止する方向を打ち出した．しかし，安倍政権に代わると，原発依存度を20～22％にする方向に変わってきている．事故以来ほとんどの原発は停止しているが，原子力規制委員会が認めれば再稼働を認める方針である．一方，原発停止による化石燃料輸入の増加分は年間約3兆円と言われている．事故後，計画停電が行われ，国民の間に節電志向が高まった時期もあったが，その後はその動きは下火になっている．二酸化炭素削減，再生可能エネルギーの促進，電力自由化等の問題も絡み，日本のエネルギー政策はまだまだ揺れそうである．

まとめ　福島第一原発事故を受け，ドイツでは2022年までに原発をすべて廃止する決定をし，イタリアやスイスでも同様の決定をしている．アメリカは原発推進の立場だが，シェール革命もあり，原発の新規建設を行う環境ではない．イギリス，中国，ロシア，韓国等も原発推進，増強の方向である．多くの開発途上国は原発推進の方向で，サウジアラビア，UAE等の産油国までが原発建設に積極的である．産油国は石油の将来の枯渇に備えて，今のうちから原発推進へと舵を切っている．

28話 放射線の人体への影響？

放射線には α 線，β 線，γ 線，X 線等がある．このうち，α 線はヘリウムの粒子線，β 線は電子線である．γ 線と X 線はともに電磁波だが，γ 線は原子核の崩壊に伴って出てくるのに対し，X 線は原子を構成する電子が励起されることによって出てくる．γ 線は X 線より波長が短く，エネルギーは大きい．α 線は紙1枚でも十分弱まり，β 線は薄いアルミニウムの板でも十分弱まるが，γ 線は厚い鉄や鉛の板でないと通過してしまう．

原発事故で話題になった放射性ヨウ素（半減期 8.06 日）や放射性セシウム（半減期 30.1 年）はいずれも β 線と γ 線を放出する．このうち，セシウム 137 は，半減期約 30 年で β 崩壊し，準安定なバリウム 137 になる．準安定なバリウム 137 は，半減期約 2.5 分で γ 線を放出し，安定なバリウムになる．原発事故後，初めは半減期の短い放射性ヨウ素が問題となったが，その後は半減期の長い放射性セシウムが中心的な問題となっている．

放射線の単位としてよく使われるのがベクレル（Bq）とシーベルト（Sv）である．Bq は 1 秒間に原子核が崩壊する数を表す単位で，Sv は放射線によって生物にどれだけ影響があるかを表す単位である．放射線の人体への影響は，10Sv 以上で即死または数週間以内で死亡，1 Sv 以下では吐き気，脱毛，白血球減少等の症状を起こすが，致死的ではない．0.25 Sv 以下では顕著な症状は直ちには現れないが，長期にわたってガン等の健康被害を及ぼすと言われている．この点では科学者間の意見に大きな隔たりはないようである．

ところが，0.1 Sv（100 mSv）以下における健康被害についてどう考えるかでは，科学者間で意見が大きく分かれている．その原因の一つは，放射線の人体への影響について実験ができないということがある．広島，長崎の被爆者に関する調査データ等から推定するしかないのが現状である．もう一つは，低線量被曝の場合，他の原因の病気等との区別がつきにくいということがある．

国際放射線防護委員会（ICRP）は，平常時の一般人に対する 1 年間の許容放射線量は 1 mSv，原発作業員や X 線を取り扱う技師や医師の許容放射線量を 50 mSv，緊急事故後の復旧時は一般人で 1～20 mSv と定めている．ICRP の勧告は，広島，長崎の被爆者の調査データ（被爆者 76,000 人，非被爆者 27,000 人）をベースに作られ，事実上の国際的な安全基準となっている．そして，100 mSv の被曝は，生涯の

ガン死亡リスクを 0.5 % 上乗せするとしている.

　ICRP の基準に対しては，リスク過小評価，リスク過大評価と両方から批判がある．1 mSv 程度でも健康被害があるという考え方では，LNT 仮説（被曝による健康被害のリスクは被曝線量に比例する）では低線量でも健康被害のリスクがある，低線量でも健康被害があるというデータがある，医療被曝や喫煙の場合と違って被災者は被曝を自らの判断で選べない，住民や消費者の低線量被曝に対する不安を考慮すれば被曝は最小限にすべきだ，と主張している.

　100 mSv 以下では健康被害があり得ないという考え方では，LNT 仮説ではなく閾値が 100 mSv 程度であるという説も有力である（文部科学省等），100 mSv 以下では健康被害があるというデータはない，100 mSv 以下では健康被害があるというよりは放射線社会学の問題である，と主張している.

　自然放射線が存在し，それは主として宇宙から飛来する放射線と地殻中の自然放射性核種からの放射線に由来し，世界最高はイランのラムサールで 10 mSv，日本では平均 2.1 mSv ある．また，人工的な発生源からの放射線被曝は，胸部 X 線撮影，胃 X 線撮影，X 線 CT による撮像，PET 検査等で，日本での 1 人当たりの年間医療被曝線量は平均約 3.8 mSv と推定されている.

　放射線被曝が少なければ少ないほど，健康被害のリスクは小さくなる．しかし，そのリスクをゼロにはできない．自然放射能を避けることはできないし，医療被曝をゼロにすることも困難である．人類は長い年月の中で自然放射能を浴びる環境の中で進化してきた．放射線被曝を正しく恐れる必要はあるが，リスクゼロに固執すれば，農産物の放射能が過剰に低いことを要求し，農民を困らせることになる.

　まとめ　　放射線の人体への影響，高線量被曝に関しては科学者の意見に大きな隔たりはない．100 mSv 以下の健康被害の考え方は，科学者の間で意見が大きく分かれる．結局，ICRP の基準（平常時 1 mSv，100 mSv の被曝は生涯のガン死亡リスクを 0.5 % 上乗せ）を各人がどう判断するかにかかっている．自然放射能（世界最高が 10 mSv，日本平均 2.1 mSv）および医療被曝（日本平均 3.8 mSv）をどう考えるかについても人によって意見が違うと思われるが，これに比べて高いか低いかは参考になる.

29話　核燃料サイクルの現状？

　核燃料サイクルは，核燃料の採掘，精錬からウラン燃料同位体の濃縮，燃料加工，発電までのフロントエンドと，使用済み燃料の保管，再処理，再利用，放射性廃棄物の処理・処分，廃炉のバックエンドからなっている．日本は核燃料を外国から輸入しているので，フロントエンドは燃料濃縮から始まることになる．核燃料サイクルの構成を**図15**に示す．

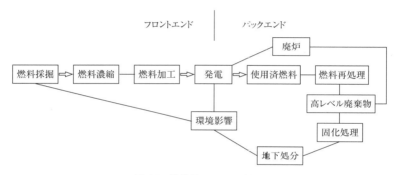

図15　核燃料サイクルの構成

　核燃料サイクルで問題になるのは，特にバックエンドの部分で，ウラン，プルトニウムを含む使用済み燃料(2011年9月現在，合計14,000 t)の行き場のメドが立っていないこと，青森県六ヶ所村の再処理工場が何度もトラブルを起こして再開のメドが立っていないこと，放射性廃棄物の処理・処分の方法が確立していないことである．
　政府は，使用済み核燃料を青森県の六ヶ所村の再処理工場に送り，使用済み核燃料の中からウラン，プルトニウムを含む混合酸化物(MOX 燃料)とし，高速増殖炉でプルトニウム239を作り出すことで核燃料を循環させる計画である．使用済み核燃料の再処理方法は，燃料棒を細かく砕いて酸に溶かし，ウランとプルトニウムを抽出，分離する．プルトニウムは容易に核兵器に転用可能なため，プルトニウムだけを所有することは核拡散防止条約で禁止されており，ウランとプルトニウムを混合したMOX 燃料とする．MOX 燃料は核廃棄物として処分するほかに使い道はあ

まりなく，高速増殖炉の炉心で燃やすことでそれらを有効利用しながら，不要なウラン238から次の高速増殖炉用の核燃料であるプルトニウム239を作り出すことで核燃料を循環させる「核燃料サイクル」を実現する計画である．高速増殖炉は，プルトニウムを燃料として発電し，その過程で不要なウラン238からプルトニウムが生成されるので夢の原子炉と言われてきた．高速増殖炉では，高速中性子が発生するので，中性子を減速させる水の代わりに冷却材としてテトリウムを使う．高速増殖炉「もんじゅ」では冷却材のナトリウムが漏れ出すなど何回か事故を起こし，実験の再開もできない状況である．

　高速増殖炉の研究開発が遅れ，プルトニウムを含むMOX燃料の在庫が増加している．この状況を何とかしようと，政府や電力業界では現存の軽水炉でMOX燃料を使うプルサーマルを実行しようとしている．

　さらに，政府等が開発を進めている六ヶ所村の高レベル放射性廃棄物の処理・処分の問題がある．高レベル放射性廃棄物を球状のガラス固化体に閉じ込め，これをステンレスの容器に入れ，地層処分する計画が進行中である．地層処分は数万年を超える期間が想定されており，その間何らかの問題が起こっても対応することが困難で，国民の理解は得られていない．政府は，地層処分の候補地を見つけたい意向だが，世界でも地層処分の候補地が決まっているのはフィンランドだけで，これが原発を推進する場合の大きなネックになっている．

　当面は，高レベル放射性廃棄物は処理・処分を行わず，原発敷地内や六ヶ所村の施設等に安全な容器に入れて数十年は保管できる中間貯蔵にすることが望ましいと考えらる．中間貯蔵している間に，ウラン，プルトニウム等の長寿命核種を短寿命のものに変換する技術開発，核燃料の直接処分を含めた総合的な検討が必要と考えられる．

まとめ　　核燃料サイクルのうち，使用済み燃料の再処理，再利用，放射性廃棄物の処理・処分，廃炉のバックエンドの計画が思うように進んでおらず，問題になっている．六ヶ所村の再処理工場は何度もトラブルを起こして再開のメドが立っていないし，放射性廃棄物の処理・処分の方法が確立していない．高速増殖炉は夢の原子炉と言われてきたが，高速増殖炉「もんじゅ」では冷却材のナトリウムが漏れ出すなど何回か事故を起こし，実験の再開もできない状況である．

第6章　エネルギー貯蔵

30話　エネルギー貯蔵とは？

　エネルギー貯蔵とは，エネルギーを何らかの形で格納し，後からそのエネルギーを利用可能な形で引き出すことを言う．貯蔵するエネルギーの形態は，位置エネルギー（例えば，化学エネルギー，重力エネルギー，電気エネルギー）と運動エネルギー（例えば，熱エネルギー）がある．ぜんまいを巻いた時計は，バネの弾性力による位置エネルギーを蓄え，電池は，コンピュータの電源が切れている時でもそのクロックチップを動かし続けるための化学エネルギーを蓄え，水力発電用ダムは，その貯水池に重力による位置エネルギーを蓄えている．

　石炭，石油といった化石燃料は，過去の太陽エネルギーを利用した植物の化学エネルギーを貯蔵している．エネルギーを貯蔵することにより，人類はエネルギーの需要と供給のバランスをとることができる．今使われているエネルギー貯蔵システムは，力学，電気，化学，生物，熱，核のエネルギーに分類できる．

　力学的エネルギーを意図的に貯蔵した例には，丸太や石を古代の砦の防御に使った方法がある．丸太や石を丘や城壁等の高い所に集め，そうして蓄えた位置エネルギーを敵方が範囲内に入ってきた時の攻撃に使った．最近の力学的エネルギーの利用例では，水路を制御し，水車を回して粉をひいたり，機械を動かしたりした．また，圧縮空気を使ったエネルギー貯蔵，夜間にポンプで上流の貯水池まで水を汲み上げ，昼間の電力ピーク時に発電する揚水発電もある．

　発電やガソリン，灯油，天然ガス等の精製化学燃料が20世紀に広く普及したことにより，エネルギー貯蔵が経済発展の重要なファクターとなってきた．それまでの木，石炭等によるエネルギー貯蔵とは異なって，エネルギー貯蔵が量的，質的に容易になり，自動車の普及や電気エネルギーの広範な普及にも繋がった．化学燃料は，発電とエネルギー輸送の両方で支配的なエネルギー貯蔵の形式となっている．主な化学燃料としては，処理された石炭，ガソリン，軽油，天然ガス，液化石油ガス（LPG），プロパン，ブタン，エタノール，バイオディーゼル，水素等がある．これらはすべて力学的エネルギーに変換でき，それを熱機関（タービン等の内燃機関，ボイラ等の外燃機関）を使って発電し，電気エネルギーに変換できる．

　電気を大規模に貯蔵することはこれまで行われてこなかったが，今後，その状況に変化が予想されている．最近，アメリカを中心に，エネルギー貯蔵法とスマートグリッドへの応用の研究が盛んに行われている．電気は閉回路内を流れ，基本的に

は，どんな用途であっても電気エネルギーをそのままの形で貯蔵することができない．このことは電力需要の急激な変化に対して供給低下(電圧低下や停電)を全く起こさないことを保証できず，別の媒体に電気エネルギーを貯蔵する必要があることを意味している．再生可能エネルギーも電力の供給安定のためには貯蔵する必要がある．風力エネルギーは，風が間欠的であるので，無風状態の間を埋めるために貯蔵が必要であり，太陽エネルギーも，天気が悪ければ使えず，使えない間の補填のための貯蔵が必要となる．

電気を貯蔵する手段として，電池という電気化学装置が開発された．電池は容量が小さく，コストが高いため，発電システムでの利用は今までは限定的であった．だが，電気自動車等への使用により性能向上や低コスト化が進みつつある．燃料電池という電気化学装置は，電池とほぼ同時期に発明された．これも同様の事情から最近になってから性能向上や低コスト化が進みつつある．コンデンサによる電力貯蔵や超伝導コイルを使った電力貯蔵は，まだ開発途上である．

蓄熱によるエネルギー貯蔵には，太陽熱発電で得た熱で溶融塩を用いて蓄熱し，太陽光がない夜間も蒸気タービンを回して発電する方法や夜間に氷の形で蓄熱したものを昼間の冷房に利用する方法等がある．

まとめ　エネルギー貯蔵とは，エネルギーを何らかの形で格納し，後から利用するものである．エネルギー貯蔵システムは，力学，電気，化学，生物，熱，核のエネルギーに分類できる．力学的エネルギーの貯蔵は，水車のシステム，圧縮空気を使う方法，揚水発電等がある．ガソリンや灯油，天然ガス等の化学燃料が力学的エネルギーおよび電気エネルギーに変換可能である．電池，燃料電池等の電気化学的エネルギーが最近エネルギー貯蔵システムとして脚光を浴びつつある．

第6章　エネルギー貯蔵

31話　蓄熱とは？

　蓄熱は，エネルギーを熱の形で貯蔵することで，最大需要時にその熱を利用し，熱源設備の容量を減らすことができる．

　氷の貯蔵タンクは，夜間に氷（熱エネルギー）を蓄え，ピーク時の冷房需要に備える．夏の日中の電力需要増に対応するため，夜間の安い電力で氷を貯蔵し，翌日，昼間にそれを使って建物の冷房に使用する．氷は，水よりも少ない量でより多くのエネルギーを貯蔵でき，日中のピーク電力需要を少ないコストでシフトさせることができる．氷を利用したシステムでは冷房にしか使えないが，冬，夜間に温水を貯蔵し，日中に暖房として使うシステムもある．

　ヒートポンプ式給湯機のエコキュートは，夜間の電力で温水を供給するシステムで，熱源の温水を必要な時に取り出せる．エコキュートの日本での累積出荷台数が2013年末に400万台を超えたそうである．

　ヒートポンプ式基礎蓄熱暖房・冷房システムがある．このシステムは，電気代の安い夜間に温水を作り，高効率なヒートポンプ室外機で温水を循環させ，住宅の床下コンクリート中の配管に蓄熱し，24時間安定したベース暖房を行う．コンクリートは熱伝導率が小さく，気温が低くても床下のコンクリート中の配管にある温水の温度はそれほど下がらず，床温度を20℃付近に保つことができる．気温が－10℃以下の時には，エアコンとの併用で快適な環境に保つことができ，寒冷地では特に有用である．ヒートポンプ式システムなので，夏季には蒸発器を使って冷房も可能である．

　太陽熱発電は，太陽光を集光して得た熱を溶融塩を用いて蓄熱し，太陽光がない夜間も蒸気タービンを回して発電する方法である．海外の日射量が多い低緯度地域では，太陽熱発電所を建設する動きが加速している．蓄熱装置では，硝酸ナトリウム60％と硝酸カリウム40％の混合溶融塩に蓄熱する．夜や曇天時にはこの熱で蒸気タービンを駆動して発電する．このような溶融塩による蓄熱は，電池等のエネルギー貯蔵に比べてコストが安いのが利点である．

　保冷剤によるクーラーボックスの保冷は，蓄熱の身近な例である．熱を蓄えるために使用される媒体は，蓄熱槽の水（氷），潜熱蓄熱材，地中，建物の躯体等である．ジェル状の保冷剤は，携帯もでき，触り心地も良く，急速に普及した．凍っても柔らかいジェルは，成分の約99％が水で，残りは高吸水性高分子と，防腐剤，形状安

定剤が含まれている．高吸水性高分子には，紙おむつに使われるポリアクリル酸ナトリウムが用いられ，高分子樹脂の繊維の網目の中に水分子を含んでいる．そのため，水が凍っても氷のような結晶ができず，柔らかい触り心地が保たれる．

　吸水性高分子は，高分子の親水基を含むイオン網目と可動イオンからできている．高分子のイオン性の部分はカルボキシル基（COO⁻），可動イオンは Na^+ である．高分子の網目構造の中で Na^+ イオンと水とが束縛され，カルボキシル基のマイナス電荷の吸引力で発生した浸透圧と，高分子の親水基と水との親和力とが吸水力を生み出す．網目の中に水分子が取り込まれると，簡単には離れず，乾燥せずにジェルの状態が保たれる．ジェルの状態が保たれることで，保冷剤の保冷時間は，氷に比べて 20 %ほど長い．ジェルには流動性がなく，対流が起こりにくいからである．また，保冷枕等の冷却効果にも保冷剤の柔らかさが効いている．保冷剤は，食品腐敗の防止，発熱時の冷却，暑い時の涼に使われる．保冷剤は，まず冷凍庫で凍らせてから使用し，温まっても冷凍させるだけで何回でも使うことができる．蓄熱の利用形態を**図 16** に示す．

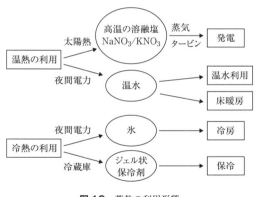

図 16　蓄熱の利用形態

まとめ　蓄熱とは，エネルギーを熱の形で貯蔵することである．氷による蓄熱は，夜間に安い電力で氷を貯蔵し，昼間にそれを建物の冷房に利用する．ヒートポンプ式給湯機やヒートポンプ式蓄熱暖房・冷房システムは，効率の良い蓄熱システムである．太陽熱発電では，太陽光の熱で溶融塩に蓄熱し，夜間も蒸気タービンを回して発電する．ジェル状の保冷剤は約 99 %が水で，残りは高吸水性高分子で，氷よりも保冷時間が長い．使用済みの保冷剤を冷凍庫で凍らせると，何度でも使える．

32話　NAS電池とは？

　NAS電池は，負極に溶融ナトリウム，正極に溶融硫黄を用い，電解質としてナトリウムイオンを通すβ-アルミナを使った蓄電池である．ナトリウムと硫黄がセラミックスのβ-アルミナで隔てられた構造で，間をナトリウムイオンが移動することで充電と放電が可能になる．

　ナトリウムや硫黄を溶融状態に保って，β-アルミナ電解質のイオン伝導性を高めるために約300℃の高温で運転する．負極のナトリウムはナトリウムイオンとなって電解質のβ-アルミナを通過して正極に移動し，電子は導線から負荷を通り正極側に移動する．正極ではナトリウムが硫黄によって還元されて多硫化ナトリウム（Na_2S_x）となる．放電反応は式(1)で表される．

$$\left.\begin{array}{ll} 負極 & 2Na \rightarrow 2Na^+ + 2e^- \\ 正極 & S_x + 2Na^+ + 2e^- \rightarrow Na_2S_x \\ 全反応 & 2Na + S_x \rightarrow Na_2S_x \end{array}\right\} \quad (1)$$

ここで，xは$2\sim5$の数値である．初期のxの値は5であるが，放電が進行して未反応の硫黄が消費されると，Na_2S_5は次第により高い原子価の硫黄の組成の多硫化物に変化していき，やがて二硫化ナトリウム（Na_2S_2）となる．ただし，Na_2S_2は内部抵抗が高く充電特性が悪いため，通常はNa_2S_2を生成しない範囲内で作動させる．一方，充電時の反応は放電時とは逆で，インバータを介して直流電圧が加えられると，多硫化ナトリウムがナトリウムイオンと電子と硫黄になり，ナトリウムイオンが負極に移動してナトリウムとなる．充電反応は式(1)の矢印の向きを逆にしたものである．

　図17はNAS電池のモジュール構造である．単電池が縦に連なり，単電池の出力153 W，電圧約2.0 V，容量1.22 kWhである．50 kWの例では，384個の単電池から構成され，重量5.5 kg，直径91 mm，長さ520 mmである．電池の作動温度が$300\sim360$℃であるので，側面にヒータがある．液体状態のナトリウムと硫黄が大気中の酸素と反応することを防ぐため，モジュール容器は完全密閉真空断熱構造になっていて，内部の余剰の空間には砂が充填されている．

　NAS電池は従来の鉛蓄電池に比べ，体積・質量が3分の1程度とコンパクトなため，揚水発電と同様の機能を都市部等の需要地の近辺に設置できる．また，構成材料が資源的に豊富かつ長寿命で，自己放電が少なく充放電の効率も高く，量産によ

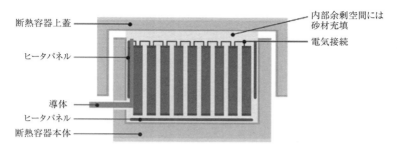

図17 NAS電池のモジュール構造[出典：http://www.tdk.co.jp/techmag/knowledge/200709/index2.html, 2016.2.6 アクセス]

るコストダウンも期待できる．ただし，充放電特性が6～7時間と比較的長い時間で設計されているので，現状では一定期間内に満充電リセットの必要がある．

NAS電池は，特に大規模な電力貯蔵用に作られ，昼夜の負荷平準等に用いられる．電力料金が割安な夜間に充電し，電力料金が高い昼間に放電して電力負荷の平準化と電力料金の節減を図る．また，出力変動の大きな風力発電，太陽光発電とを組み合わせて出力を安定化させることも，割安な夜間電力の利用しながら停電時の非常時電源としても兼用できる．これまでに全国で約50箇所，34,000 kW程度の設置実績がある．

> **まとめ**　NAS電池は，負極に液体ナトリウム，正極に液体硫黄を使い，電解質としてβ-アルミナを使う化学電池で，間をナトリウムイオンが移動することで充電と放電が可能になる．NAS電池は，鉛蓄電池に比べて体積や質量が3分の1程度で，揚水発電と同様の機能を都市部等の需要地の近辺に設置できる．電力貯蔵用として昼夜の負荷平準化，出力変動の大きな風力発電・太陽光発電と組み合わせて出力を安定化，非常用電源の役割も可能である．

33話　ニッケル水素電池とは？

ニッケル水素電池は，正極に水酸化ニッケル等のニッケル酸化化合物，負極に水素または水素化合物を用い，電解液に濃水酸化カリウム水溶液等のアルカリ溶液を用いる充電可能な電池(二次電池)である．負極の水素源として水素ガスを用いる本来のニッケル水素電池(Ni-H$_2$)と，水素吸蔵合金を用いるニッケル金属水素化物電池(Ni-MH)がある．用途が拡大しているニッケル金属水素化物電池について述べる．ニッケル水素電池の作動原理は，**図18**のとおりである．

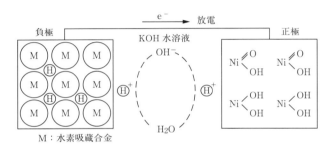

図18　ニッケル水素電池の原理[出典：日本化学会監修，キーテクノロジー電池, p.24, 図6, 丸善, 1996]

負極側では水素を金属の中に出し入れする．正極側ではプロトンを出し入れするという簡単な機構で充放電が行われている．放電反応は式(2)のように表される．

$$
\begin{array}{ll}
\text{負極} & \text{MH} \rightarrow \text{M} + \text{H}^+ + \text{e}^- \\
\text{正極} & \text{NiOOH} + \text{H}^+ + \text{e}^- \rightarrow \text{Ni(OH)}_2 \\
\text{全反応} & \text{MH} + \text{NiOOH} \rightarrow \text{M} + \text{Ni(OH)}_2
\end{array}
\quad (2)
$$

負極側では水素吸蔵合金から水素を放出し，電子が外部回路に流れる．正極側では電解質との界面からプロトンを，外部回路から電子を受け取って水酸化物になり，ニッケルの原子価が3価から2価に変わる．水素吸蔵合金は，LaNi$_5$，LaNi$_{2.5}$Co$_{2.5}$をベースとして合金開発が行われ，Laの位置をミッシュメタル(Ce, La, Pr, Nd等の混合物)を用いることによりコストダウンが可能になった．水素吸蔵合金は，金属の格子間位置に水素が入っているので，相当高温にならない限り水素の蒸気圧が高くならず安全である．式(2)の反応式の矢印を逆にしたものが充電反応である．

ニッケル水素電池は，1990年代，ニッケル-カドミウム電池の代替として実用化された．理由は，電圧約1.2 Vで，ニッケル-カドミウム電池と同じであったこと，それに比べて2.5倍程度の電気容量を持つこと，材料にカドミウムを使用しないので環境への影響が少ないこと等である．その後，携帯機器の専用電池，小容量の電力貯蔵として使われたが，kg当たりのエネルギー貯蔵量がリチウムイオン電池の半分程度しかないことから，携帯機器用にはリチウムイオン電池が置き換わるケースが増えている．

　ハイブリッド自動車は環境に優しい車として1997年に登場したが，それに搭載されたのがニッケル水素電池である．性能，コスト，安全性，信頼性等が総合的に評価された結果と言える．しかし，リチウムイオン電池は，kg当たりのエネルギー貯蔵量が2倍程度高く，2000年代半ばにハイブリッド自動車用として登場してから信頼性の向上，コストの低下が図られ，現在では主流になってきている．

まとめ　　ニッケル水素電池は，正極に水酸化ニッケル等のニッケル酸化合物，負極に水素化合物を用い，電解液に濃水酸化カリウム水溶液を用いる二次電池である．水素吸蔵合金を用いるニッケル金属水素化物電池が一般的である．負極では水素を金属の中に出し入れし，正極ではプロトンを出し入れするという簡単な機構で充放電が行われている．携帯機器の専用電池，小容量の電力貯蔵，ハイブリッド自動車用に使われてきたが，次第にリチウムイオン電池が主流になりつつある．

34話 リチウムイオン電池とは？

電池で大きな電位差を得るためには，負極にはなるべく酸化されやすい（電子を与えやすい）材料が望ましい．リチウムは最も卑な（酸化されやすい）金属で，水素電極を基準とすると，$-3.05\,\mathrm{V}$ の起電力を発生する．また，リチウムは金属の中で最も軽い元素で，負極の材料として最も有力である．ただし，リチウム金属を負極に使うと，充放電の繰返しによりリチウム金属がデンドライト状（樹枝状）に析出し，正負極の短絡（ショート）によって発火する危険性があり，安全上から問題である．そのような問題点を克服するため，負極に層状のグラファイト（炭素）を用い，グラファイト層間にリチウムイオンを挿入したリチウムイオン電池が開発された．

リチウムイオン電池の原理図を**図19**に示す．グラファイト負極では，リチウムがグラファイト層間を出入りすることによって電池の可逆反応を行い，リチウムのデンドライト状（樹枝状）析出を防いでいる．正極材料には，$Li_{1-x}CoO_2$ の層状化合物を用い，リチウムイオンが層間を出入りすることにより電池の可逆反応を行う．リチウムイオン電池での放電反応は式(3)のように書ける．

$$
\begin{aligned}
&\text{負極}\quad Li_xC \rightarrow C + xLi^+ + xe^- \\
&\text{正極}\quad Li_{1-x}CoO_2 + xLi^+ + xe^- \rightarrow LiCoO_2 \\
&\text{全反応}\quad Li_x + Li_{1-x}CoO_2 \rightarrow LiCoO_2
\end{aligned}
\quad (3)
$$

負極では，グラファイト層内にあったリチウムがイオンの形で電解質界面に出

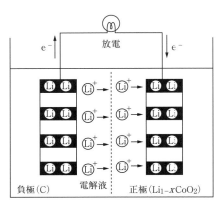

図19 リチウムイオン電池の原理［出典：日本化学会監修，キーテクノロジー電池, p.25, 図7, 丸善, 1996］

て，電子が外部回路を流れる．正極では，電解質を拡散してきたリチウムイオンが $Li_{1-x}CoO_2$ の層内に入り込む．正極と負極のどちらも材料内にリチウムイオンが入り込む挙動をインターカレーションと呼び，そのような系をホスト・ゲスト化合物と呼ぶ．充電時には式(3)の矢印の向きが逆になり，リチウムは正極から出て負極に入る．

負極に用いる材料には，グラファイト以外に高分子を焼成して得られるハードカーボンも用いられ，それぞれ違った放電特性を持ち，一長一短がある．グラファイト，ハードカーボンに代わる次世代の材料として，スズ，ケイ素とリチウムとの合金材料，酸化物系材料としてチタン酸リチウム系も開発されつつある．

正極に用いる Co 系の材料は資源に乏しく，コストが高いうえ，高酸化状態では安全面で不安がある．そのため，Co の一部または全部を Mn，Fe，Ni で置き換えたホスト・ゲスト化合物が盛んに研究され実用化されつつある．また，カンラン石型結晶構造を持つ $LiFePO_4$ が実用に近づきつつある．

リチウムイオン電池の電解質には，イオン導電性が高いこと，リチウムの輸率が高いこと，高電位で酸化されず低電位で還元されず，難燃性であることが必要である．水溶液系の電解質は，リチウムにより電気分解するので使えず，リチウムイオン電池には非水溶液系電解質が使用される．リチウム塩としては，$LiPF_6$，$LiBF_4$ または $LiClO_4$ が 10^{-3} (S/m) 以上の導電率と 0.35 と比較的高いリチウムの輸率を持つ．溶媒には高誘電性物質として炭酸エチレン(EC)，炭酸プロピレン(PC)等が用いられる．PC は Li 濃度の高い層間では分解する．EC は分解しないが，室温では固体のため他の有機溶媒と混合して用いられる．

リチウムイオン電池は，ハイブリッド車および電気自動車用電池として現在最有力で，性能向上とコストダウンが図られている．

まとめ リチウムは最も酸化されやすく，軽い金属で負極の材料として有力である．リチウム金属を使うと，充放電の繰返しで短絡する危険性がある．リチウムイオン電池は正極に $Li_{1-x}CoO_2$ を用い，酸化物層にリチウムイオンが出入りし，負極ではグラファイト層間にリチウムイオンが出入りして起電力を生む．電解質は，イオン導電性が高い，リチウムの輸率が高いこと，高電位で酸化されず，低電位で還元されないの観点から非水溶液系が選ばれている．

35話　超伝導エネルギー貯蔵の仕組みは？

　電力は，通常，そのままの形では貯蔵できないが，超伝導状態で電気抵抗がゼロになることを利用して貯蔵することができる．回路のすべてを超伝導体で構成すると，流れ続ける電流によって永久電磁石となる．超伝導電力貯蔵システム(SMES)は，液体ヘリウム温度で超伝導となる線材で作られたコイルを超伝導状態にして電気エネルギーを貯蔵する．

　NbTiの線材の超伝導転移温度は約10Kで，4.2Kの状態で約12Tの臨界磁場を持つ．超伝導転移温度が高いほど容易に超伝導状態を得ることができ，臨界磁場が高いほど多くのエネルギーを蓄えることができる．転移温度18KのNb$_3$Snは，より高い臨界磁場を持つ電磁石を作ることができ，4.2Kの状態で25〜30Tという臨界磁場まで耐えられる．しかし，Nb$_3$Snの線材を作るのは難しく，高価なために一般的にはNbTiが用いられている．

　図20に超伝導電力貯蔵システムの原理を示す．冷却システムでは，液体ヘリウム温度は4.2Kであるが，周囲からの熱の流入を減らすため液体窒素(77K)で囲み，さらに冷凍機で冷やす．電力系統側から交流電力を導入し，直交変換器で直流に変換して永久電流スイッチを閉じ，超伝導コイルに電流を流す．超伝導コイルのインダクタンスをL，流れる電流をIとすると，回路に蓄えられるエネルギーは$(1/2)LI^2$となる．超伝導コイルの巻線は，ソレノイド型が円筒に巻線を施した構造，トロイド型がドーナツの上に巻線を施した構造である．トロイド型は，ソレノイド型に比べ巻線量に対して貯蔵エネルギーが小さいが，漏れ磁束が小さいという特徴がある．

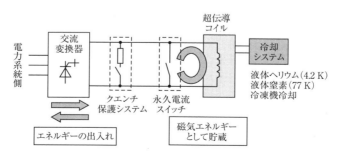

図20　超伝導電力貯蔵システム(SMES)の原理[出典：http://www.jeea.or.jp/course/contents/09401/，2016.1.29 アクセス]

SMESにおいて最も危険なのがクエンチと呼ばれる現象である．クエンチは，超伝導回路に突然小さい常伝導状態が出現し，抵抗による発熱によりその状態が周囲に伝播し，液体ヘリウムの気化にまで及ぶものである．その原因は，線材内部の不純物や欠陥が考えられている．クエンチの初期段階であれば，十分な冷却によって伝播を防ぐことができる．**図20**にクエンチの保護システムが示されている．

　SMESは大電力の貯蔵に適している．揚水発電所に匹敵するようなシステムにしようとすると，直径100 mのコイルにする必要があり，そのコイルが電磁力によって膨張しようとする力を押さえつける機構が必要となる．そのため，天然の岩盤の中にSMESを設置する方法が考えられている．

　現状では，出力5,000 kW，出力時間1秒間という性能を持つ瞬低補償用SMESのフィールド試験が行われている．電力系統を構成する送電線に落雷等で故障が発生した場合，故障点を中心に電圧が低下する現象が起きる．この現象の継続時間は，ほとんどの場合1秒以内で，瞬時電圧低下（瞬低）と呼ばれている．瞬低が発生すると，敏感な負荷機器が誤作動・停止するなどし，ハイテク工場の生産ラインやコンピュータに影響を与えることがある．SMESは応答速度が速く，瞬低を防ぐことができる．

まとめ　電力は，通常，貯蔵できないが，超伝導状態では電気抵抗がゼロになることを利用して電気エネルギーを貯蔵できる．超伝導電力貯蔵システム（SMES）は，液体ヘリウム温度で超伝導となる線材で作られたコイルに電気エネルギーを貯蔵する．NbTiの線材は4.2 Kの状態で約12 Tの臨界磁場を持つ．コイルのインダクタンスをL，流れる電流をIとすると，回路に蓄えられるエネルギーは$(1/2)LI^2$となる．SMESは大電力の貯蔵に適し，天然の岩盤の中に設置する方法が想定されている．

36話　圧縮空気をエネルギー貯蔵システムに？

　圧縮空気をエネルギー貯蔵システムとして使うやり方として現在2通りの方法が考えられている．一つは圧縮空気貯蔵システム（CAES）と呼ばれるもので，夜間等の電力が余っている際にコンプレッサで圧縮した空気を地下空洞，タンクに貯蔵し，昼間等の電力が必要な際に圧縮空気を利用して発電するシステムである．もう一つは，圧縮空気で走る自動車である．
　発電するシステムは，電力需要のピークの時間帯にこれを解放し，普通の燃焼型タービンの排気熱でその空気を熱し，熱した圧縮空気を燃料とともに燃焼させ，ガスタービンを回してガスタービンの発電効率を向上させる．
　図21に通常のガスタービン発電と圧縮空気貯蔵システムを用いた発電の比較を示す．通常のガスタービン発電は，発電とともに圧縮機を同時に駆動して圧縮空気を作り，圧縮空気を燃焼器に導いて燃焼しながら高温，高圧のガスを発生させ，ガスタービンを駆動して発電する．圧縮空気貯蔵システムを用いた発電は，夜間に電動機で圧縮空気を作って保存し，昼間に貯蔵した圧縮空気を燃焼器に送って加熱後，タービンに送って発電する．

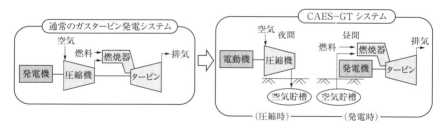

図21　通常のガスタービン発電と圧縮空気貯蔵システムを用いた発電の比較
［出典：http://www.jeea.or.jp/course/contents/09401, 2016.1.29 アクセス］

　CAESの特徴は，貯蔵していた圧縮空気を使用するので，発電時のタービンの出力すべて発電に使用され（通常のガスタービンでは発電出力の一部をコンプレッサの動力に使っている），通常のガスタービンに比べ2倍以上の出力を得ることができる．
　CAESのメリットは，揚水発電，LNG複合火力より，発電W当たりのコストが

低くなる可能性があること，負荷平準化に有効な技術として欧米では実績があり，信頼性が高いこと，発火や爆発等の危険性がないこと，大型化が容易で長寿命なこと等である．一方，デメリットは，起動，停止に要する時間が20〜30分とやや長いこと，構造上装置が大型化してしまうため立地条件に制約があること等である．CAESは地下に圧縮空気を貯蔵することから，気密性，耐圧性の優れた地下貯槽の建設が必須条件となる．日本は比較的軟質で亀裂が発達した岩盤が多いため，この条件に適応できる地下貯槽を経済的に建設することが課題となる．

　圧縮空気で走る自動車は，30 MPa（300気圧）の圧力に耐える炭素繊維製のタンクに空気を詰め，それが膨張する力でエンジンを回す．現在開発中のものでは1回の給気で走れる距離は約 50 km と言われている．理論的には時速 100 km で 200 km 走る車も夢ではない．圧縮空気車のメリットは，機構が簡単で軽量化ができること，あまり発熱しないので大掛かりな冷却装置が要らないこと，有害な排気ガスが出ないこと，家庭用の電源でも簡単に給気できること等である．給気に要する時間は3分程度とガソリン並みである．一般的な車というよりは特定領域の移動手段として有望かもしれない．

まとめ　圧縮空気貯蔵システムは，夜間等の電力が余っている際にコンプレッサで圧縮した空気を地下空洞，タンクに貯蔵しておき，昼間等の電力が必要な際に圧縮空気を利用して発電するシステムである．このシステムでは，通常のガスタービンに比べて2倍以上の電気出力を得ることができる．圧縮空気で走る自動車は 30 MPa の圧力に耐える炭素繊維製のタンクに空気を詰め，それが膨張する力でエンジンを回す．1回の給気で走れる距離は約 50 km で，地域の車として使える可能性がある．

第 7 章 燃料電池

37話　燃料電池とは？

　燃料電池は，水素や天然ガス等を燃料として空気中の酸素と反応させて水蒸気を生成させ，その時に発生する化学エネルギーを電気エネルギーに変換する発電装置である．水素等を補充し続けることで，永続的に発電できる．

　「電池」と言う名前が付いているが，蓄電池のように電気を貯めるのではなく，燃料を与えると発電する「小型発電機」と考えると理解しやすい．与える燃料として水素を用い，水素と酸素と反応することで水と電気が生成する．これは水の電気分解の逆の反応である．水の電気分解では，電解液に水酸化ナトリウムを使った場合，負極で水素が発生し，正極で酸素が発生する．燃料電池の仕組みを**図22**に示す．

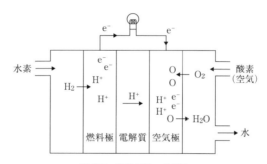

図22　燃料電池の仕組み

　燃料電池の水素を供給する燃料極（アノード）と酸素または空気を供給する空気極（カソード）では，次のような反応が起きる．

$$\left.\begin{array}{ll} 燃料極 & H_2 \rightarrow 2H^+ + 2e^- \\ 空気極 & (1/2)O_2 + 2H^+ + 2e^- \rightarrow H_2O \\ 全反応 & H_2 + (1/2)O_2 \rightarrow H_2O \end{array}\right\} \quad (4)$$

　燃料電池は，燃料極と空気極をサンドイッチのように挟む3層構造である．サンドイッチの中央部分には電解質があり，イオンのみを通す．燃料極と空気極には気体だけが通れる細かい穴が空いている．

　燃料電池は水素を燃料に水を作る反応であり，二酸化炭素，NOx，SOx等の有害ガスが出ず，環境に優しいのが特徴である．また，燃料電池本体の発電効率も高い

が，廃熱を利用した複合発電，温水利用等で総合効率をさらに高くできる．

　燃料である水素をどこから得るかが問題で，現状の工業用水素は，多くの場合，天然ガス（メタン）から得られているが，その過程ではメタンが酸化して二酸化炭素を生成する．その場合，この発電は必ずしも環境に優しいとは言えない．いかにして環境に優しい方法で水素を手に入れるかが大きなテーマになる．

　太陽電池発電や風力発電は天候に左右されやすく，特に電力需要の少ない夜間での風力発電の電力の流入は電力系統に乱れを起こしやすい問題点がある．風力発電の適地は電力需要地から離れており，送電網を設置するのに問題を抱えている．そのような問題を解決するため，それらの電力で水を電気分解して水素の形でエネルギーを貯蔵し，需要地近くで燃料電池による発電を行うことで問題を解決することができる．

　燃料電池には，用いる電解質の種類によって高分子型（PEFC），リン酸塩型（PAFC），溶融炭酸塩型（MCFC），固体電解質型（SOFC）がある．運転温度は，高分子型が 80 〜 100 ℃，リン酸塩型が 190 〜 200 ℃，溶融炭酸塩型が 600 〜 700 ℃，固体電解質型が 800 〜 1,000 ℃ で，温度が高くなるほど発電効率は高くなる．

　燃料電池のタイプによっては燃料に水素だけでなく，天然ガス，プロパンガス，メタノール等のバイオマスも利用できる．特に高温のタイプほどいろいろな原料に柔軟に対応可能である．

　燃料電池による発電は，ノートパソコン，携帯電話等の携帯機器から，自動車，鉄道，民生用・産業用コジェネレーション発電所に至るまで，多様な用途，規模を網羅するエネルギー源として期待されている．家庭向け燃料電池としてエネファームが 2008 年にガス会社等から発売され，電力，給湯用に使われている．当初，かなり値段は高かったが，最近はかなり下がってきている．トヨタでは 2015 年より燃料電池自動車 MIRAI を一般向けに発売を開始しているし，ホンダも同様の計画があるようである．

まとめ　　燃料電池は，水素や天然ガス等を燃料として空気中の酸素と反応させて水蒸気を生成させ，その化学エネルギーを電気エネルギーに変換する発電装置である．水素を供給する燃料極では水素イオンが発生し，空気を供給する空気極では電解質から拡散してきた水素イオンと酸素が反応して水になる．燃料電池は，二酸化炭素や有害ガスを出さず環境に優しいのが特徴で，燃料電池本体の発電効率も高く，廃熱を利用した複合発電や温水の利用で総合効率をさらに高くできる．

38話　固体高分子形燃料電池の仕組みは？

　固体高分子形燃料電池(PEFC)は，イオン伝導性を有する高分子膜(イオン交換膜)を電解質として用いる燃料電池である．

　PEFCの基本構造は，燃料極，固体高分子膜(電解質)，空気極を貼り合わせて一体化した膜／電極接合体(MEA)と呼ばれる基本部品を反応ガスの供給流路が彫り込まれたバイポーラプレートと呼ばれる導電板で挟み込み，単セルを形成する．この単セルの出力は0.7 V程度で，これを積層し直列接続して高電圧を得られるようにしたものをセルスタックと呼ぶ．PEFCの仕組みを**図23**に示す．

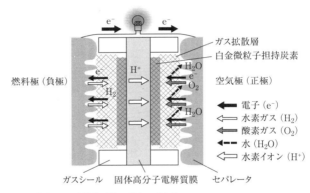

図23　固体高分子形燃料電池の仕組み［出典：http://www.bureau.tohoku.ac.jp/manabi/manabi35/mm35-6.html, 2016.2.3 アクセス］

　燃料極では，水素等の燃料を $H_2 \rightarrow 2H^+ + 2e^-$ の反応によってプロトン(H^+)と電子に分解する．この後，プロトンは電解質膜内を，電子は導線内を通って空気極へと移動する．普通，電極にはカーボンブラック担持体上に白金触媒あるいはルテニウム-白金合金触媒を担持したものを用いる．燃料がメタノールの場合，$CH_3OH + H_2O \rightarrow CO_2 + 6H^+ + 6e^-$ の反応式によってプロトンと電子に分解される．白金触媒上に一酸化炭素が吸着すると，触媒活性が著しく低下するためルテニウム合金が用いられるが，それでも触媒活性の低下は避けられない．

　固体高分子膜(電解質)には，プロトン伝導性の高さと安定性から，主にナフィオン(Nafion)等のスルホン酸基(SO_3^-)を持ったフッ素系ポリマーが用いられる．こ

の電解質膜はテフロンの中にスルホン酸基を付けたようなもので，プロトン伝導性を SO_3^- が受け持っている．この膜中でプロトンは水和されてスルホン酸基上を移動する．したがって，膜中の水分が燃料極から空気極へと移動することになる．このままでは燃料極側では水分が徐々に失われてしまうので，燃料には水分を含ませる必要がある．このことから，この系は 0℃ 以下，または 100℃ 以上での使用が困難という問題がある．また，燃料としてメタノールを用いる場合，メタノールが電解質膜を透過してしまう「クロスオーバー現象」が発生する．クロスオーバーの結果，メタノールは空気極でも反応してしまい，起電力が大きく低下する．最近ではこのクロスオーバーを抑制するため，多孔性ポリイミドやプロトン伝導ガラスを利用する方法等が研究されている．

空気極では，電解質膜から来たプロトンと，導線から来た電子が空気中の酸素と反応（$4H^+ + O_2 + 4e^- \rightarrow 2H_2O$）し水を生成するが，実際はこの「酸素4電子還元」反応の効率はきわめて悪く，起電力を下げる原因になっている．普通，カーボンブラック担体上に白金触媒を担持したものが用いられる．

PEFC の全反応により，理論上約 1.2 V の電圧が得られるが，電極反応の損失があるため実際には約 0.7 V となる．また，燃料効率，寿命，触媒の白金が高価かつ希少等の改善すべき課題がきわめて多い．

トヨタは 2015 年より燃料電池車 MIRAI の一般向け発売を開始したが，低温で作動する必要性から PEFC を採用している．燃料電池車は有害排気ガスを出さない車として注目されているが，多くの課題を抱えている．その第一はコストの低下である．自動車用燃料電池は 1 台当たり 100 g 以上の白金が必要と言われている．第二は水素ステーションの問題である．燃料電池車は燃料の水素を高圧の水素ボンベで供給しているが，現状では水素ボンベを供給する水素ステーションの数が非常に少なく，ネックの一つになっている．

まとめ　固体高分子形燃料電池は，イオン導電性高分子膜を用いる．燃料極，固体高分子膜，空気極を貼り合わせて一体化した膜／電極接合体（MEA）と呼ばれる基本部品を反応ガスの供給流路が彫り込まれた導電板で挟み込み，単セルを形成する．この単セルの出力が 0.7 V 程度で，これを積層して直列接続し高電圧を得られるセルスタックを形成する．燃料極では白金-ルテニウム合金を触媒として，空気極では白金触媒を使う必要があることがコストのかかる要因になっている．

39話　ダイレクト燃料電池の仕組みは？

　PEFCは，家庭用発電機，電気自動車用として実用化途上にある．家庭用発電機には都市ガスからの水蒸気改質反応によって得られる水素ガス，自動車用には高圧水素タンクから得られる純水素ガスが利用されている．しかし，水素を安全かつ簡便に貯蔵，運搬することは技術的に困難で，小型化を必要とするモバイル機器にはPEFCは使いにくいというのが現状である．

　ダイレクト燃料電池(DFC)は，メタノール等の燃料を直接燃料電池に供給するもので，その構造は普通のPEFCとほぼ同じである．その特徴は，燃料改質器でメタノール等から水素を作らず，メタノールを燃料極で直接反応させることである．例として，プロトン交換膜を用いた直接メタノール燃料電池の電池反応を示す．

$$\left. \begin{array}{ll} 燃料極 & CH_3OH + H_2O \rightarrow CO_2 + 6H^+ + 6e^- \\ 空気極 & (3/2)O_2 + 6H^+ + 6e^- \rightarrow 3H_2O \\ 全反応 & CH_3OH + (3/2)O_2 \rightarrow CO_2 + 2H_2O \end{array} \right\} \quad (5)$$

このようにDMFCでは，メタノールが燃料極で直接酸化される．反応生成物として，燃料極では二酸化炭素，空気極では水が生成する．DMFCの起電力は，メタノール酸化反応の自由エネルギー変化が$-698.2 \, kJ/mol$で，$1.21 \, V$と計算される．この値は，水素を燃料とする燃料電池の起電力($1.23 \, V$)とそれほど変わらない．しかしながら，燃料極に供給されたメタノールが電解質膜を透過して空気極に達する（クロスオーバー現象）ため，空気極は酸素の還元とメタノールの酸化の両方を反映した混成電位となり，電池の開回路電圧が低下する．加えて，発電時には，メタノールの酸化反応は水素の酸化反応よりかなり遅く，発電時には活性化分極が大きくなって電圧が低下する．また，メタノール酸化反応の中間生成物である一酸化炭素が白金触媒に吸着して触媒毒となり，電極で用いている白金の触媒活性を低下させる．これらのことからDMFCと水素燃料電池を比較すると，性能が低くなる．白金 - ロジウム合金を用いることで一酸化炭素による触媒毒が緩和されるが，その効果は限定的である．

　メタノール以外の燃料を用いるDFCについてもいろいろと調査されている．エタノール，エチレングリコール，ギ酸，ヒドラジン，アスコルビン酸，グルコース等の研究が知られており，発電が可能であることが示されている．しかし，これらの研究では，アノード(燃料極)およびカソード(空気極)の触媒系をPEFCと同じに

しただけでは，期待されたような効果が得られていない．これらの物質をDFCの燃料として実用化していくためには，最適な触媒系を選び，一酸化炭素による触媒毒の緩和，クロスオーバー現象の緩和，活性化分極の緩和を実現する必要がある．産総研の報告では，錯体系触媒を用いることによって一酸化炭素の酸化過電圧が大きく低下することがわかっている．

DFCが実用化した時の用途として，携帯電話の充電器，ノートパソコンの電源，小型発電機が想定されている．燃料がなくなっても，カセット式に燃料を入れ替えればすぐに使えるのがメリットである．実用化には性能の向上も必要であるが，コストの低下も大きな要因となる．

DFCの開発と同様の発想で，マイクロ改質器というのがある．これは，メタノール等の燃料を小型の改質器で改質し，燃料電池に水素を供給する．マイクロ改質器には隣合せで加熱器を付ける．その理由は，燃料の改質反応が吸熱反応($CH_3OH + H_2O + 熱 \rightarrow CO_2 + 2H_2$)であるためである．この反応には300℃程度にする必要があり，熱源にメタノールの燃焼熱が使われる．また，改質器から出てくる水素には数％の一酸化炭素が含まれるため，選択反応器や水素分離膜が使われる．他にも付属装置が必要で，微細加工技術が必要となる．

まとめ ダイレクト燃料電池は，メタノール等の燃料を直接燃料電池に供給するもので，その構造はPEFCとほぼ同じである．燃料改質器でメタノール等から水素を作らず，メタノールを燃料極で直接反応させる．DMFCは，メタノールが燃料極で直接酸化される．DMFCは，燃料極に供給されたメタノールが電解質膜を透過して空気極に達する，発電時には活性化分極が大きくなり電圧は低下する，一酸化炭素が白金触媒に吸着して触媒毒となるなどの課題があり，検討がなされている．

40話　リン酸形燃料電池の仕組みは？

リン酸形燃料電池(PAFC)は，電解質としてリン酸(H_3PO_4)水溶液を用い，動作温度は約200℃で，白金を触媒として使う．主に都市ガスを燃料として，ビルの電力と冷暖房，給湯を賄うオンサイト形コージェネレーションシステムとして運転されている．

PAFCの原理は，電解質にリン酸，燃料に水素と酸素を使い，触媒には白金が使われる．反応は，PEFCと同様，式(4)のように進む．

電解質のリン酸は安く，豊富で使いやすい物質である．触媒の白金は一酸化炭素によって触媒毒となるが，200℃の温度であれば，燃料ガス中の一酸化炭素は1%程度が許容濃度となる．

PAFCの基本構造は，**図24**に示すように濃厚リン酸を含んだ電解質板を燃料極と空気極で挟み，さらにセパレータでサンドイッチにした構造になっている．PAFCの電解質は，一般に濃厚リン酸を炭化ケイ素の多孔板マトリックスに含浸させて用いる．電極は炭素製で，燃料や酸素が通りやすいように多孔質の薄板からでき，その内側にはナノオーダーの白金微粒子を均一に分散している．

燃料や酸化剤ガスをセル内に供給するため，電極にガス流路を設けてあるリブ付き電極と，セパレータにガス流路を設けてあるリブ付きセパレータがある．単セルの出力電圧は約0.7 V程度で，多数の単セルを組み合わせたスタックを作製し発電させる．このスタックには，温度を制御する目的で数個の単セルごとに冷却用プレートも組み込まれている．

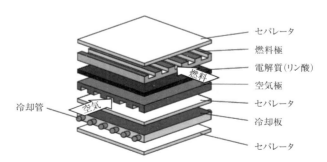

図24 リン酸形燃料電池の構造[出典：http://www.jeea.or.jp/course/contents/09402/, 2016.2.3 アクセス]

40話 リン酸形燃料電池の仕組みは？

　燃料には，天然ガス，メタノール，ナフサ等を改質して得られる水素に富む改質ガスが使用される．しかし，改質ガス中に一酸化炭素が多い場合，一酸化炭素が白金に対して触媒毒となるので，一酸化炭素変成器を用いて水素と二酸化炭素に変換し，燃料に用いる．被毒の少ない白金-ルテニウム合金触媒を用い，190℃以上で反応させると，数％の一酸化炭素を含む改質ガスでも問題ないと言われている．

　PAFCの作動温度は，溶融炭酸塩形や固体酸化物形に比べ約200℃と低く，アノード（燃料極）とカソード（空気極）には多孔質のカーボン材の上に白金触媒とPTFE（フッ素樹脂）粉を結着して構成される触媒層を用いている．また，電解質には炭化ケイ素（SiC）粒子等の電解質保持材に95～100％リン酸を浸み込ませて使用している．このため，運転時間とともに白金触媒の焼結（粒子の粗大化）やリン酸の飛散により性能劣化が生じる．電池寿命の目安として，オンサイト用では4万時間としているが，PAFCでは多くの実機プラントにおいてこの目標をクリアしている．しかし，他の種類の燃料電池では電池の長寿命化が課題である．

　PAFCは，未利用エネルギー源の利用にも使われている．ビール工場では，発生する排水からバイオガスを取り出してPAFCの燃料にしているし，家庭から排出された生ゴミの発酵，下水処理から得たメタンガスを燃料とするPAFCの運転も実用化されている．

　PAFCは液体を電解質として使うために構造が複雑となり，比較的大型の設備が想定されている．PAFCは比較的初期から開発が行われ，主としてガス会社等で50～200kWクラスの定置形発電プラントで実証実験を行っており，運転時間が6万時間を超えたプラントもある．PAFCの運転温度は約200℃であるので，排熱を給湯や冷暖房等のコジェネレーションにも利用する．富士電気は，100kWクラスを中心とした発電設備を病院，ホテル，下水処理場，防災用等に供給している．

まとめ　リン酸形燃料電池（PAFC）は，電解質としてリン酸水溶液を用い，動作温度は約200℃で，白金が触媒として使われる．PEFCより温度が高いので，燃料ガス中の一酸化炭素の許容濃度は1％程度とPEFCに比べて高い．主に都市ガスを燃料としてビルの電力と冷暖房，給湯を賄うオンサイト形熱併給発電として運転されている．PAFCは，液体を電解質として使うために構造が複雑で，50～200kWクラスの定置形発電装置としての利用がなされている．

41話 溶融炭酸塩形燃料電池の仕組みは？

溶融炭酸塩形燃料電池（MCFC）は，水素イオンの代わりに炭酸イオン（CO_3^{2-}）を用い，炭酸リチウム，炭酸ナトリウム，炭酸カリウム等の溶融した炭酸塩を電解質としている．溶融塩はイオン伝導性が高く電気化学的に安定で，蒸気圧が低く，高温動作の燃料電池として必要な性質を持つ．動作温度が高いため高価な触媒が不要である．燃料改質が簡素で，発電効率が高く，高温排ガスをガスタービン等の熱源として使用でき，最終的に大規模な石炭ガス化燃料電池複合発電プラント等への用途が期待されている．

水素を供給する燃料極，酸素または空気を供給する空気極では，次のような反応が起きる．

$$\left. \begin{array}{ll} 燃料極 & H_2 + CO_3^{2-} \rightarrow CO_2 + H_2O + 2e^- \\ 空気極 & (1/2)O_2 + CO_2 + 2e^- \rightarrow CO_3^{2-} \\ 全反応 & H_2 + (1/2)O_2 \rightarrow H_2O \end{array} \right\} \quad (6)$$

単セルの構成を**図 25**に示す．単セルは，電気伝導性多孔質の燃料極，空気極と溶融炭酸塩を保持する電解質板で構成される．電解液はアルカリ金属炭酸塩，通常，炭酸リチウム（Li_2CO_3）と炭酸カリウム（K_2CO_3）の混合塩を用いる．この混合塩は約490 ℃で溶融状態になり，580〜680 ℃の範囲で液状となり，リチウムアルミネート（α-$LiAlO_3$）の粒子間に保持されてイオン導電性を示す．燃料極では，水素が電解液を移動してきた炭酸イオンと反応し，水，二酸化炭素，電子を生成する．燃料極，空気極とも多孔質の Ni 基材である．空気極では，酸素と二酸化炭素と電子が電解液膜で電気化学的に反応して炭酸イオンとなり，電解質を移動する．空気極ではニッケルが高温で酸化して酸化ニッケルとなるが，触媒作用も行う．全体の反応を

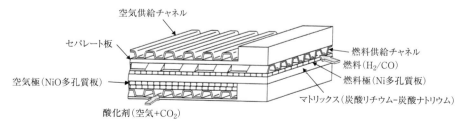

図 25 溶融炭酸塩燃料電池の構成［出典：西川尚男, 新エネルギーの技術, p.200, 東京電機大学出版局, 2013］

要約すると，水素と酸素から水を生成する単純な反応となっている．結局，二酸化炭素は酸素のキャリアの役割を果たしている．

MCFCは動作温度が600〜700℃と高く，発電効率が40〜60％と高いのが特長で，燃料中の一酸化炭素も燃料として利用でき，石炭ガス化発電にも利用できる．さらに，内部に改質触媒を用いれば，燃料の内部改質も可能になる．この型の燃料電池は，火力発電の代替等の大規模発電に適したシステムである．立地場所の制限がほとんどないことから分散型電源として期待されている．

アメリカのFCE社は，燃料電池で発生した内部改質方式の効率47％の250 kW級MCFCを商品化し，輸出もしている．日本では中部電力とIHIが共同で300 kWのMCFCを開発している．

> **まとめ** 溶融炭酸塩形燃料電池は，水素イオンの代りに炭酸イオンを用い，溶融した炭酸塩を電解質としている．動作温度は600〜700℃程度と高く，貴金属等の高価な触媒が不要，燃料改質が簡素，発電効率が高い，高温排ガスを熱源として使用できる，一酸化炭素も燃料として利用できるなどの特長を持ち，火力発電の代替等の大規模発電に適したシステムである．200〜300 kW級の分散型電源として実用化されている．石炭ガス化燃料電池複合発電プラント等の用途が期待されている．

42話　固体酸化物形燃料電池の仕組みは？

　固体酸化物形燃料電池（SOFC）は，燃料電池では最も高温（通常 700 ～ 1,000 ℃）で稼働し，単独の発電装置としては最も発電効率が良い（45 ～ 65 %）システムである．電極，電解質を含め，発電素子はすべて固体で構成される．

　水素を供給する燃料極，酸素または空気を供給する空気極では，次のような反応が起きる．燃料中に一酸化炭素が含まれている場合には，燃料極において $CO + O^{2-} \rightarrow CO_2 + 2e^-$ の反応が加わる．

$$\left. \begin{array}{ll} 燃料極 & H_2 + O^{2-} \rightarrow H_2O + 2\,e^- \\ 空気極 & (1/2)O_2 + 2\,e^- \rightarrow O^{2-} \\ 全反応 & H_2 + (1/2)O_2 \rightarrow H_2O \end{array} \right\} \tag{7}$$

　燃料極は，ニッケルと YSZ（イットリア安定化ジルコニア）の電解質のサーメットで構成される．空気極は，(La,Sr) MnO_3 等からなる導電性セラミックスである．電解質は，YSZ が用いられ，ジルコニア（ZrO_2）の Zr の位置に Y^{3+} を置き換えて酸素イオンの空孔が生じ，その空孔を通して O^{2-} が拡散し，イオン導電体となる．**図 26** に SOFC の作動原理を示す．

　SOFC は電解質を含めすべての構成要素が固体でできているため，様々な形状にできるが，平板型と円筒型が一般的である．平板型 SOFC は，アノード（燃料極），

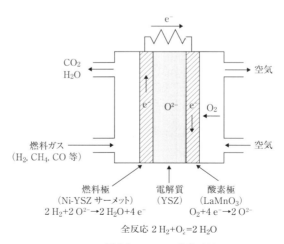

図 26　SOFC の作動原理

電解質，カソード（空気極）と重ね合わせてセルを構成し，インターコネクタを挟んで何層も積み重ねて高出力を得る構造である．システム内のガスが漏れないようガラスシーリングで密封する．セルとインターコネクタとを別々に重ね合わせてガラスシーリングをする方式が一般的であるが，数セル分をまとめて焼結し，スタックを製造する方法もある．

円筒型 SOFC は，筒の中に空気（カソード），筒の外に燃料ガス（アノード）を触れさせる形である．長さは 75 cm ～ 1.6 m と様々で，シームレスであることが円筒型 SOFC の特徴である．一般的な製法は，最内層を押し出した後，スラリーコーティングや APS（プラズマ溶射法）で層を形成する．材料はインターコネクタを含め，すべてセラミック材料の場合がほとんどである．

SOFC は反応が高温で行われるため，効率が 40 ～ 60 ％と高く，白金等の高価な触媒が不要である．高温で稼働し，水素以外に一酸化炭素も燃料にできることから，脱硫処理は必要だが，都市ガスや天然ガスを装置内で簡単な水蒸気改質処理をして発電することもできる．また，排熱の温度も高く，排気ガスから直接タービン等で二次的に発電する，お湯を供給し，さらに熱効率を上げることができる．

SOFC は高温で運転し，部品はセラミックスに限るので，コストがかかる，起動時間が長い，温度差が大きなヒートサイクルになるなど，材料の劣化が起きやすい欠点がある．

SOFC の適応例として，三菱重工がガスタービンと組み合わせた 200 kW 級 SOFC マイクロガスタービンコンバインドサイクル試験を行っている．この結果に基づいて天然ガスを用いた大容量 SOFC 複合発電システムが計画されている．

SOFC は家庭用小型発電システムとしても用いられる．1 kW の発電システムの実証試験では，SOFC の場合，発電効率 45 ％，廃熱回収効率 30 ％以上，PEFC の場合，発電効率 35 ％，廃熱回収効率 45 ％となっている．発電重視の場合は SOFC，熱回収重視の場合は PEFC が適している．家庭用発電および給湯システムのエネファームには，SOFC，PEFC の両方がある．

まとめ 固体酸化物形燃料電池は，通常 700 ～ 1,000 ℃と最も高温で稼働し，単独の発電装置としては最も発電効率が良い (45 ～ 65 %)．電極，電解質含め，発電素子はすべて固体で構成される．電解質は YSZ で，O^{2-} の空孔を通して O^{2-} が拡散するイオン導電体である．SOFC はすべての構成要素が固体であるため，様々な形状をとることができ，平板型と円筒型が一般的である．SOFC は，家庭用小型発電装置として実用化し，大容量複合発電システムとして実用化が検討中である．

43話　各種燃料電池の比較は？

　各種燃料電池の特徴を**表5**に示す．それぞれの燃料電池の特徴は，電解質と運転温度によって大きく異なる．PEFCとPAFCは，高分子膜およびリン酸を電解質に使っているため，運転温度が低く，始動にあまり時間を要しないメリットがあるが，反応速度は遅く，触媒系に白金等の貴金属を使わざるを得ないというデメリットも生じる．また，燃料中に一酸化炭素が含まれていると，白金触媒に吸着して触媒毒の作用がある．また，燃料系に炭化水素が含まれていると，改質を行った後に一酸化炭素を除去するなどの措置が必要となる．

表5　燃料電池の種類とその特徴

		高分子形(PEFC)	リン酸塩形(PAFC)	溶融炭酸塩形(MCFC)	固体電解質形(SOFC)
電解質	電解質	イオン交換膜	リン酸	炭酸リチウム等	安定化ジルコニア
	移動イオン	H^+	H^+	CO_3^{2-}	O^{2-}
	使用形態	膜	マトリックスに含浸	マトリックスに含浸 またはペースト	薄板，薄膜
反応	触媒	白金系	白金系	貴金属は不要	貴金属は不要
	燃料極	$H_2 \rightarrow 2H^+ + 2e^-$	$H_2 \rightarrow 2H^+ + 2e^-$	$H_2 + CO_3^{2-} \rightarrow H_2O + CO_2 + 2e^-$	$H_2 + O^{2-} \rightarrow H_2O + 2e^-$
	空気極	$(1/2)O_2 + 2H^+ + 2e^- \rightarrow H_2O$	$(1/2)O_2 + 2H^+ + 2e^- \rightarrow H_2O$	$(1/2)O_2 + CO_2 + 2e^- \rightarrow CO_3^{2-}$	$(1/2)O_2 + 2e^- \rightarrow O^{2-}$
運転温度(℃)		80〜100	190〜200	600〜700	700〜1,000
燃料		水素	水素	水素，一酸化炭素	水素，一酸化炭素
発電効率(%)		30〜40	40〜45	50〜65	50〜70
想定発電出力		数W〜数十kW	100〜数百kW	〜数MW	数kW〜数十MW
想定用途		家庭用電源，携帯端末，自動車	定置電源	定置電源	家庭用電源，定置電源
開発課題		温度，水分管理，白金使用量の低減	長寿命化，低コスト化	長寿命化，低コスト化	長寿命化，低コスト化

　MCFCは，運転温度が600〜700℃と高く，貴金属は不要なのはもちろん，一酸化炭素も燃料として使うことができ，天然ガス等の内部改質もできる．運転温度が高いことから，廃熱を利用した複合発電や温熱を利用したシステムとしても使える．ただ，電解質が液体なため，移動用に使うのは不便で，定置用電源としての位置付けになる．PAFCも同様の理由から，定置用電源として使われる．
　SOFCは，電解質を含めすべての部品が固体でできており，運転温度が高い．一

般に運転温度が高いほど効率は高く，SOFC は効率が最も高いとされている．また，貴金属も不要，一酸化炭素も燃料として使用可能，天然ガス等の内部改質も可能，廃熱を利用した複合発電や温熱を利用したシステムとしても使用可能である．ただし，運転温度が高いため始動に時間がかかること，異種のセラミックスを複合させているため熱膨張率の違いから熱サイクルの繰返しに弱いなどの問題点がある．一部では小型化，低温化のセルも開発され，問題点の克服に向けた動きもある．

　PEFC は，運転温度が低いこと固体材料でできていることから，始動が速く，移動用に適しているため，自動車用への適用がスタートした．電解質に水分がなくなると導電性を示さなくなることから，水分管理，そしてコストダウンのため貴金属の使用量を減らす取組みが必要である．PEFC も SOFC も家庭用の小型電源エネファームとして商品化されているが，本格的な普及には値段を 1 台 50 万円程度まで下げる必要があるとされ，大幅なコストダウンが必要である．

> **まとめ**　燃料電池の特徴は，電解質と運転温度による．PEFC と PAFC は運転温度が低く，始動に時間を要しないが，反応速度が遅く，触媒系に白金等の貴金属を使う必要がある．MCFC と SOFC は運転温度が高くて効率が高く，貴金属は不要で，一酸化炭素も燃料として使用可能，燃料の内部改質も可能，廃熱を利用した複合発電や温熱の利用も可能である．PEFC も SOFC も家庭用の小型電源として商品化されているが，コストダウンが最大の課題である．PEFC は燃料電池自動車に採用されている．

第8章　送電と配電

44話　送電の現状は？

　送電は，ある長さの電線の両端に電圧差を発生させて電流を流し，電力を供給することである．発電所からは3相交流の電力が発生し，これを変電所まで送る設備を送電設備と呼ぶ．送電経路は，高電圧，大電流を流す送電線，送電線を支える鉄塔，送電線の絶縁を保つガイシ等からできている．変電所から鉄道，工場，病院，家庭に電力を送るのを配電と呼び，送電とは区別される．

　発電所内の変電所で作られる電気は，27.5万〜50万Vの高電圧に設定されている．送電線を電流が流れると，一部が熱として失われる電力損失があり，電流量が大きいほど大きくなる．そのため，同じ電力を送る場合，電圧を高くした方が損失を少なくできる．しかし，この電圧がそのまま家庭等に届いたら危険なので，変電所で段階的に15.4万V，6.6万Vと電圧を減らしながら2.2万Vで大工場やビル等へ配電し，家庭等へは6,600Vで電柱まで配電し，最終的には柱上変圧器で100Vや200Vにして各家庭に配電する．電力の送配電網を**図27**に示す．

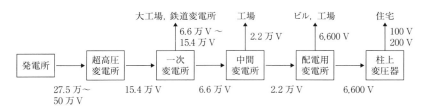

図27　電力の送電および配電網

　水力発電所，原子力発電所等のように多くの発電所は需要地から離れた所にあるので，送電を長距離で行う必要がある．長距離送電による電力損失は6%になると言われている．電力損失を減らすために直流送電も行われている．

　高圧送電線には，銅ではなくアルミニウムが主として使われている．アルミニウムの比抵抗は 2.65×10^{-8} Ω m と，銅の 1.68×10^{-8} Ω m に比べて60%程度大きい．それは，密度が 2.70 g/cm^3 と銅の 8.92 g/cm^3 に比べて3倍以上も小さいためである．長距離送電は架空送電が行われているが，空中に電線を張るには鉄塔に強い力が加わらないように素材が軽いことが決め手になる．アルミニウムは比抵抗が大きいので，断面積を増やして抵抗を減らし，なおかつアルミニウムの細線を撚り

線にして中央に強度のある鋼線を用いて引っ張り強度を増やし，電線を軽くしている．

　ガイシは，送電線を鉄塔から絶縁して支え，硬質で高品位の磁器でできている．27.5万Vの送電線には250 mmの懸垂ガイシが16個つながっている．ガイシの個数が多いほど送電電圧が高くなる．架空送電では，ガイシで絶縁されているため電線は絶縁せずに裸線で送電する．

　送電線を支える鉄塔には何本もの電線が張られているが，その中に電流の流れていない電線が1本あり，架空地線と呼ばれている．架空地線は，雷の直撃から守る働きをする．グランドワイアとも呼ばれ，落雷時にコロナ現象を防ぐ役割もする．架空地線はアルミニウム合金でできていて，その中に光ファイバーの細い線を含んでいる．光ファイバーによる光通信ケーブルを架空地線と抱き合わせにするのは，高い電圧送電線の側でも光は電気の影響を受けないからである．

　直流送電が実施されていない送電線は，3相交流の電気を3本の電線で送っている．3相交流にする理由の一つは，発電機に回転界磁型が多いことである．もう一つは，3相交流の場合，コイルが120°ずれて配置されているため，ある時点での3系統の電流の合計が常にゼロになる．それで，3系統(6本)の電線のうち戻りの3本を1本にまとめると，その電線に流れる電流はゼロになり，電線は要らないことになる．結果として3本の電線で送電でき，コストを下げることができる．ところが，送電線を見ると，3本の電線が鉄塔を中心に左右に2系統(2回線)ある．それは，送電線が台風，雷，氷雪等のダメージを受けやすいことや，何らかのトラブルで1つの回線が故障した場合でも，もう1つの回線を利用して送電ができるようにするためである．2006年8月，江戸川を跨ぐ27.5万Vの送電線をクレーン船が切断する事故があったが，別回線を利用して停電を短時間で終わらせた実績がある．

まとめ　送電は，電線の両端に電圧差を発生させて電力を供給することである．発電所からは3相交流の電力が発生し，これを変電所まで送る設備を送電設備と呼ぶ．発電所で作られる電気は，送電による電力損失を減らすため27.5万～50万Vの高電圧である．高圧送電線に銅ではなくアルミニウムが主として使われるのは，密度が小さく，電線の重量を軽くできるからである．送電線には電流の流れていない電線があるが，雷の直撃から守る働きと光通信のための光ファイバーを含む．

45話　直流送電の利点と欠点は？

　直流送電は，直流 (DC) で送電する方式である．エジソンは，19世紀，直流発電機で発電し，直流で送電した．その後，交流送電が一般化した．現在では，「直流送電」と言うと，もともと3相交流発電機で発電した電流をわざわざ直流電力に変換 (AC-DC 変換) して送電する場合が多い．

　直流送電を採用する理由は，電力損失をなるべく減らすためである．交流の場合，電圧が時間と共に変化して最大値の約 1/1.4 が実効値となり，これが電力として見た直流電圧に相当する．送電設備を設計する場合，安全性を考え電圧の最大値に合わせる必要があり，結果として直流送電は 1.4 倍効率が良いことになる．直流は表皮効果を生じず，導体利用率が良くて電力当たりの電流が小さく，電圧降下，電力損失が小さい利点がある．直流は常に最大電圧で作用するので，等しい寸法の導体と絶縁体を持つ既存の配電線路で電力消費の高い地域に交流よりも低損失で送電することができる．直流送電は非同期交流配電システム間の送電が可能で，一つの広域な配電網から別区域への伝播によるカスケード故障を避けることでき，システムの安定性を増加することに寄与する．交流ネットワークの一部を非同期，分離することを生じさせる負荷変動は，直流連系には影響しないし，直流連系による電力潮流は交流ネットワークを安定化させる傾向にある．交流ネットワークを支持するために直流連系を通じた電力潮流の大きさと方向を直接指令し，必要に応じて変えることができる．

　直流送電の短所は，変換，切替，保守性にある．交流送電に比べ直流-交流変換の設備が必要な分だけ初期投資が高価となる．切替に関しては，大容量の直流遮断が難しく，零点を作るために外部に蓄えたエネルギーを逆電流として挿入するか，直流に自励振動の電流を重畳させて零点を作る必要がある．また，交直変換の際の高調波に対する対策が必要で，変換所には高調波フィルタを設置する必要がある．交流送電で充電電流が大きくなる海底ケーブル送電ができない場合，直流送電が使われている．日本では，青森県 (上北変換所)-北海道 (函館変換所) 間の 167 km (うちケーブル部分 43 km)，運転電圧 ± 250 kV，容量 60 万 kW と紀伊水道直流連系紀伊半島 (紀北変換所)-四国 (阿南変換所) 間を結ぶ 100 km (うちケーブル部分 49 km)，運転電圧 ± 250 kV，容量 140 万 kW の海底ケーブルがある．また，交流送電では周波数や位相が違う電力系統の送電ができないが，異周波数の連系や非同期連系の用

途に直流送電が使われている．異周波数の連系では，50 Hz と 60 Hz を直流にした後に変換するもので，佐久間周波数変換所，新信濃変電所，東清水変電所で実施されている．非同期連系用の用途には，中部電力と北陸電力を結ぶ南福光連系所において容量 30 万 kW で実施されている．

世界における直流送電の例には，高い静電容量が付随的な交流損失をもたらすような海底ケーブル（例えば，250 km のスウェーデン-ドイツ間バルト海ケーブルや 600 km のノルウェー-オランダ間 en：NorNed ケーブル），遠方地域における中間タップのない端点-端点間の長距離大容量送電，非同期交流配電システム間の送電と安定化，配電線費用の低減，異なる電圧や周波数を用いる国間での送電の促進，再生可能エネルギー源により発生した交流の同期等の目的で使われている．非同期交流配電システム間の送電にカナダとアメリカ合衆国間がある．北アメリカでは国境を横断しいくつかの電気的地域に分割されているが，接続目的は非同期交流電力網を他の所に接続するためのものである．洋上風力発電所もまた海底ケーブルを必要とし，それらの発電機は非同期となっている．非常に長距離な 2 点間の接続，例えばシベリア，カナダ，北スカンジナビアの離れた地域周辺においては，高圧直流送電の配線コストが低いために導入が進んでいる．

まとめ 直流送電は，直流で送電する方法である．直流送電の理由は電力損失を減らすためで，1.4 倍効率が良いことになる．直流送電は，非同期交流配電システム間の送電を可能にし，システムの安定性が大きくなる．直流送電の短所は，直流-交流変換の設備が必要なこと，大容量の直流遮断が難しいこと，交直変換の際の高調波に対する対策が必要なこと等である．海底ケーブル，非同期交流配電システム間の送電，異周波数の連系，配線コストの低下等の目的で直流送電の導入が進んでいる．

46話　送電線地中化はどう行われるか？

　電線地中化は，電力線，通信線等の電線および関連施設を地中に埋設することで，電柱地中化とも言う．電線共同溝等を道路(主に歩道)に埋設して電線類を収容し，雷，風，雪害等の自然現象による事故，外部からの接触等の事故が発生しにくくなる．また，道路上から電柱をなくすことで，景観の改善，防災，路上スペースの確保等が容易になる．

　普通，地中送電線は道路を利用するため，幹線道路の多い都市部に限定される．電線には電力ケーブルを用いるが，技術の進展により50万Vの送電も実現している．電力ケーブルの構造は，電流を流す導体，導体を取り巻く絶縁層，絶縁層を保護して腐食を防ぐ外層からできている．

　大型の地中送電ケーブルにOFケーブルがある．これは，送電線を防食した鋼管で囲み，鋼管の中に油を入れて電線を冷却し，さらにその油をポンプで循環して冷却効果を高めている．本州と四国を結ぶ瀬戸大橋に敷設した50万Vの送電線にも使われている．

　地中送電ケーブルを敷設する共同溝は幹線共同溝とも呼ばれる．CAB (Cable Box)は，歩道等の地中にコンクリートボックスを埋設し，その中に電線管を多数収容する．ボックスは電力会社，NTT，各電線事業者が共同で使用し，電線管のみ各事業者が敷設し使用する．電線管の増管等の際，掘削することなく作業ができるメリットがある．C.C.BOX (電線共同溝)は，通信，地域，小型，電線，箱の略で，CABとは異なって電線管がそのまま埋設されている．最近ではCABよりこの方式での整備が主流となっている．

　地中化のメリットは，道路景観の改善，住宅地としての資産価値の向上，防災効果，ネットワークの安全性の向上等がある．兵庫県芦屋市の六麓荘町では，開発当初から，ガス，水道のみならず，電気，電話を地下に埋設するという構想の下に住宅地造成が進められ，芦屋市でも最も高級な住宅地として知られている．地中化は，台風や地震といった災害時，電柱が倒れる，電線が垂れ下がるなどの消防車等の緊急用車両の通行を邪魔する危険がなくなり，防災性が向上し，情報通信回線の被害が軽減し，ネットワークの安全性，信頼性が向上する．電柱類が道幅を狭めることがなくなり，ベビーカーや車いすが通りやすくなる．バリアフリー化の一環として無電柱化が行われている．

地中化のデメリットは，初期費用(増設費用)が1 km当たり4～5億円と電柱の約20倍高いことがある．また，目視によって痛んだ電線類を断線前に発見できない，破損箇所が特定しにくく，復旧が遅れることもある．阪神・淡路大震災の際，断線の調査や修理に倍以上の時間がかかった．冠水，豪雪等の災害時に配線，復旧等の作業ができない．架空地線(避雷線)がなくなるため，沿道の通行人や建築物への落雷の危険性が増す．電柱に設置されていた交通標識，交通安全や防犯のための電柱幕，電灯，信号，防犯カメラ，防災無線や街頭宣伝放送等のスピーカー，津波対策の標高表示板，避難場所誘導標識，住所表示，電柱広告，携帯電話基地局，公衆無線LAN，避雷針等は別の場所に設置することになる．

　電線地中化により地上に設置される変圧器は，電柱よりも大きいため，道路の幅が狭い場合は設置が困難である．また，道路，私有地内での調査，工事等のため，土地の権利関係の問題や地元住民の理解を得る必要がある．地中にはガス管，上水道・下水道管等があり，工事の際には電線の他，ガス，上水道・下水道の管理計画と連動する必要がある．道路に電柱がなくなると，地下管路を経由して電線やケーブルを建物に引き込むことになるが，その割高な工事費，通信会社が道路管理者に支払う必要がある管路使用料がネックとなり，光ケーブルや同軸ケーブル等の敷設を拒む通信会社(ケーブルテレビ局)もある．そのため，ブロードバンド普及の障害となり，情報格差の一因となっている．

まとめ　　電線地中化は，電力線，通信線等の電線および関連施設を地中に埋設することを言う．電線類を共同溝道路に埋設することで，雷，風，雪害等の事故が発生しにくくなる．また，道路上から電柱をなくすることで，景観の改善や防災性の向上，路上スペースの確保等のメリットがある．地中化のデメリットは，初期費用がかかること，目視によって痛んだ電線類を発見できなくなり復旧が遅れること，架空地線に設置してあった避雷線がなくなるため沿道の通行人や建築物への落雷の危険性が増すこと等がある．

47話　送電ネットワークの働きは？

　送電線は，発電所と家庭等の需要者を真っ直ぐに結ぶのではなく，電力系統と呼ばれる巨大なネットワークを形成している．ここでのネットワークは，網の目のように張り巡らした送電線の状態を言う．複数の発電所によって発電された電気は，このネットワークによって広い範囲の需要家に供給されている．

　ネットワークのどこかで故障や事故があって放置すると，影響が全体に及ぶ可能性がある．それを防ぐため，中央給電司令所で電力の供給状況を総合的に監視，司令している．そこでは，年間計画をベースに月間，週間，当日の消費量を予測する．しかし，電力消費量が予想と違う場合もあるし，石炭や重油等の使用する燃料によって発電コストが変わるため，最適な組合せを考えて調整する．中央給電司令所は，発電所に対しては，刻々と変わる電力使用量に合わせて発電量を調整する需給運用を行う．変電所に対しては，50万 V の超高圧送電線の流れを管理する系統運用を行う．また，送配電ルートにトラブルが起きた場合の解決策を指示する．

　送電ネットワークの働きを**図 28**に示す．

　発電所から電力の大消費地である東京，名古屋，大阪等の大都市に電力を送る場合，これらの周辺に一次変電所を置き，それをリング状の超高圧送電線で結び都市の需要家に電気を送る．都市では高層ビルや大病院等において常時重要な電力が必要とされるため，送電経路の故障は影響が大きく，停電は避る必要がある．電力系統が網の目のようになっており，ある経路が故障しても別の経路を通して給電する仕組みができている．これを多回線併用方式と言う．台風等により地上で広域的な被害が出ても，地中送電線では共同溝があり，多回線が確保しやすい利点がある．

　日本の電力系統は電力会社1社だけでなく，北海道から九州までの電力系統はす

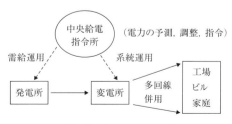

図 28　送電ネットワークの働き

べて送電線でつながっている．これによって電力会社の垣根を超えた電力の融通が可能で，安定供給が支えられ，発電設備の効率的な運用を図ることができる．電力不足が危惧される場合の応援等，タイムリーに電気を融通し合い，停電等のトラブルを未然に防止することが可能である．ところが，日本は，東日本が50 Hz地域，西日本が60 Hz地域となっている．この周波数の違いは，明治時代に関東にはドイツの発電機，関西にはアメリカの発電機を導入したためである．周波数が違えば，送電線がつながっていても電気を融通することができない．東日本大震災の時，福島第一原発事故により東京電力管内の電力が不足した時，60 Hz地域からの電力の融通が十分ではなく計画停電が実施された．異周波数の連系が佐久間周波数変換所，新信濃変電所，東清水変電所で実施されているが，容量が不十分である．ヨーロッパでは，大陸内は元より海を隔てた北欧とも送電線でつながっており，日常的に電力の輸出入が行われている．アメリカとカナダも同様である．

　近年，再生可能エネルギーの買取制度が実施され，太陽光発電，風力発電の発電量が増えつつある．しかし，天候によって発電量が変化するため，電力会社では買取を制限する動きがある．これは，発電量と消費量が常に同じででないと電力系統が不安定になり，電圧や周波数が変動して停電になる可能性があるからである．特に夜間の電力需要が少ない時，風力発電からの大量の電力が流入すると制御が困難になる場合がある．この対応には，当面，太陽光発電，風力発電の電力を蓄電池等に貯蔵することが考えられている．

　長期的には，電力供給側と需要側の両方が需給調整するスマートグリッドの導入が考えられる．スマートグリッドは，発電設備から末端の電力機器までをコンピュータ内蔵の高機能な電力制御装置のネットワークで結び，自律分散的な制御方式によって電力網内での需給バランスの最適化調整を行い，事故や過負荷等に対する抵抗性を高め，要するコストを最小に抑えることを目的としている．

まとめ　　送電線は，発電所と需要者を直接結ぶのではなく，電力系統と呼ばれる巨大なネットワークを形成している．複数の発電所によって発電された電気は，網の目状の送電線ネットワークによって広い範囲の需要家に供給される．ネットワークを制御するため，中央給電司令所で電力の供給状況を総合的に監視，司令している．日本の電力系統は電力会社1社だけでなく，北海道から九州までの電力系統はすべて送電線で連繋しているが，欧米のように国際連繋まではできていない．

48話　変電所の役割は？

　変電所は，電力系統中で電気の電圧や周波数の変換（変電）を行い，各系統の接続と開閉を行って電力の流れを制御する電力流通の施設である．

　電力会社の発電所は，多くの場合，消費者から離れた場所に設置される．特に大規模水力発電所は，山間部にあり消費者の多い平野部とは距離がある．原子力発電所は，リスク管理から人口密集地から離れた所に設置される．長距離の送電では送電ロスが発生するため，発電所に付置されている変電所で 27.5 万〜50 万 V の超高電圧にしてから送電される．超高圧変電所は，最初の変電所で消費者のより近くに立地し，15.4 万 V に変電され一次変電所へ送電される．一次変電所で 15 万 4,000 V から 7 万 7,000 V に電圧を下げる．一次変電所で電圧が下げられた電力は配電用変電所に送られるが，一部は大工場や大口需要家へ，一部は中間変電所に送られる．配電用変電所では，電圧を 3,300〜6,600 V に下げ，中規模のビルや工場へ，さらに電柱に載っている変圧器で 100V や 200 V に変えて住宅やオフィスに送る．

　変電所は，外観的な形態の違いによって屋内変電所，屋外変電所，地下変電所等に区別される．屋外変電所は，変圧器や開閉器等の変電所の主要設備の大半を屋外に設置し，配電盤等の制御機器のみを屋内に配置した形式である．敷地面積を広くとる必要はあるが，建設費用は安く，メンテナンス性にも優れている．屋内式変電所は，変圧器や開閉器等の主要設備の大半を屋内に設置した形式である．屋外変電所に比べ用地面積は小さくできるが，建物の建設費が高くつく．海岸線に近い所等で塩害対策を必要とする場合にこの形式が用いられる．地下変電所は，建物や公園等の地下に主要機器を収納した形式である．用地取得が困難な都市部の多くがこの形式である．建設費は最も高くつくが，景観対策や防犯対策の面で利点がある．この形式では，変圧器の冷却設備には特に配慮が必要である．

　東京の高輪変電所は，港区高輪にある大きな寺院の地下に建設されたユニークな施設である．東京電力が変電所建設の敷地を地下に求め，寺院の地下権を購入し，深度約 36 m の地下 7 階 RC 構造で建設されている．ここには地中送電線で 27.5 万 V の電気が送られ，6 万 6,000 V と 2 万 2,000 V に変換され，大きなビル等へは直接，各家庭には配電用変電所を介して送っている．地下施設は一般に地震等の災害に強く，東京電力では，万一，首都圏で大規模災害が発生した時，一部の電力復旧・復興関係者の集合施設としてこの地下空間の活用を考えている．

電力系統は，発電所から消費者まで一直線になっているわけではなく，電力システムの信頼性を高め，故障や補修作業時のバックアップを相互に行うため，複数の発電所からの送電線が集合され，あるいは必要に応じて各所へ分散されていくようになっている．変電所は，こうした送電系統上の集合・分岐点にもなっており，必要に応じて系統をつないだり切り離したりする役割もしている．さらに，送電線に落雷等で送電線の一部の区間に障害が発生すると，遮断器を動作させてその区間を送電系統からいったん切り離し，障害の波及を防止し，回復を図る役割もしている．
　変電所はその役割を果たすため，様々な設備を使っている．

① 　変圧器は，電圧を変えるための設備である．
② 　遮断器は，電気設備の保守点検のほか，回路の短絡等の故障が生じた時，安全のため自動的に回路を切り離すためのものである．
③ 　断路器は，電流が流れていない状態での回路を電気設備の保守点検時に完全に変電所の系統から切り離すためのものである．
④ 　避雷器は，送電線を通じて変電所に侵入してくる異常電圧を抑えるためのものである．
⑤ 　保護継電器は，機器や送電線あるいは配電線の事故の際，事故地点を回路から切り離すため，事故を素早くチェックし遮断器に遮断命令を伝えるものである．
⑥ 　電圧調整器は，電圧変動を小さくするためのものである．

まとめ　　変電所は，電力系統中で電圧や周波数の変換および各系統の接続と開閉を行って，電力の流れを制御する電力流通の拠点となる施設である．発電所からは超高電圧で送電し，超高圧変電所，一次変電所，配電用変電所で段階的に電圧を下げ，需要家に送る．変電所は送電系統上の集合・分岐点になっており，必要に応じて系統を繋いだり切り離したりする．送電線に落雷があるなどで一部の区間に障害が発生すると，遮断器を動作させてその区間を送電系統からいったん切り離し，障害の波及を防止し回復を図る役割もしている．

49話　変電所の設備はどのように働くか？

　変電所の主要設備は，電圧を変換する変圧器，回路を開閉する遮断器と断路器である．

　変圧器は，交流電力の電圧の大きさを電磁誘導を利用して変換し，トランスとも呼ぶ．電流を流す複数のコイルと鉄芯からできていて，複数のコイルは相互誘導によって磁気的に結合している．コイルは一次巻線と二次巻線があり，一次巻線で受けた電力を鉄芯内を通る磁束を利用して二次巻線に伝えるのが変圧器の働きである．その時，一次巻線の巻数 N_1 と二次巻線の巻数 N_2 と一次側の電圧 V_1 と二次側の電圧 V_2 との間には，$N_1/N_2 = V_1/V_2$ の関係が成立する．そのため，一次巻線と二次巻線の巻数を変えることによって二次側の電圧を変えることができる．

　変圧器によって一次側から二次側に伝えられる電力は等しいはずであるが，実際には変圧器の内部でいくらかの損失がある．その原因は，鉄芯の中で磁力線が変化することによる渦電流損，ヒステリシス損という損失による熱が発生するためである．渦電流損やヒステリシス損を減らすため，鉄鋼会社はケイ素鋼板材料の結晶制御を駆使した開発をしている．また，渦電流損は，形状によっても影響されるので，ケイ素鋼板を薄く短冊型に交互に積み重ねたりする．巻線には，エナメルやホルマールで絶縁被覆した軟銅線が用いられる．

　変圧器は，容量が大きくなるほど損失による熱量が大きくなり，本体の温度が上昇する．そのため，冷却しないと変圧器の性能が落ちてしまう．それで大容量の変圧器の周りには冷却用の送風機が回っている．中には，送油式といって油を強制循環してその油を外部で冷やすことも行われている．それ以外に，六フッ化硫黄 (SF_6) のガスを用いて液体の気化熱を利用して冷却する方法もある．

　変圧器は鉄芯とコイルからできているが，両方とも音を発生する．コイルの巻線に電流が流れると，同じ向きでは吸引力が働く．変圧器では交流が流れているので，吸引力が時間的に変化し，うなり音の原因になる．鉄芯のケイ素鋼の磁性体には磁気歪み（磁歪）現象，つまり磁力線が交わり変化すると磁性体が伸び縮みする現象があり，うなり音の原因になる．変圧器の騒音対策には，鉄芯の締付けに注意する，変圧器のタンクにガラス繊維等の吸音材を貼り付けるなどの方法がとられている．

　変電所では多くの回路が母線とつながっていて，電気回路を入れたり切ったりして電力の受け渡しを行っている．その際，回路の開閉装置を使う．開閉装置の中で

中心的な役割を果たしているのが遮断器である．遮断器は，通常の使用状態の中，設備の点検や保守の際に回路を切る．さらに，回路が何らかの原因で短絡（ショート）を起こした場合，自動的に回路を遮断して回路の安全性を確保する．電流が流れている回路を遮断しようとすると，電流は流れ続けようとする性質があるため，火花が発生する．大きな電流を切る場合，火花を消す対策が必要になる．空気遮断機は，高圧の圧縮空気を備え，遮断の際に生じる火花を消す．真空遮断器は，真空にして火花を消す．ガス遮断器は，六フッ化硫黄のガスを用いて火花を消す．油入遮断機は，タンク中に絶縁油を備えて回路を遮断する．

　断路器は，高圧回路の開閉装置だが，回路に電流が流れていない時に操作するスイッチである．普通は機器の前後や変電所の母線等に設け，回路の接続変更や機器の点検・修理の際にその部分を回路から切り離して作業する．断路器はナイフスイッチの構造であるが，フックがついていてフック棒を使って開閉する．しかし，大きな電流が流れている状態で断路器を開くことはできない．断路器には遮断器のようなアーク対策がないからである．したがって，断路器の開閉の際には，事前に直列に接続されている遮断器を開いて無負荷状態にしておかねばならない．

まとめ　　変圧器は，交流電力の電圧の大きさを電磁誘導を利用して変換する電力機器で，複数のコイルと鉄芯からなり，一次巻線と二次巻線の比で二次側の電圧を変える．変圧器の鉄芯で渦電流が生じたり，ヒステリシス損という損失により熱が発生する．そのため，大容量の変圧器には冷却機構が備わっている．遮断器は，回路が短絡を起こした場合，自動的に回路を遮断し，発生する火花を消す機構がある．断路器は，無負荷状態の時に回路を開閉する装置で，回路の接続変更や機器の点検・修理の際にその部分を主回路から切り離す．

50話　鉄道変電所の役割は？

　電気鉄道に電力を供給する鉄道変電所には，通常の変電所とは異なる特殊な点がある．鉄道変電所では，送電線から供給された三相交流をまず変圧器で所要の電圧に降圧し，直流や単相交流に変換し，トロリー線からパンタグラフ等の集電装置によって車両に供給する．

　電車を動かすモータには以前から直流モータが使われてきた．そのため，鉄道変電所では交流から直流への変換が必要であったが，最近は電子技術の進歩によってインバータ制御という直流電力を交流電力に変換する技術の導入が進み，構造が簡単で保守のしやすい交流モータを使えるようになった．現在の電車のモータは，直流モータに変わってインバータ制御を利用した交流モータが主流になってきている．

　鉄道変電所から電車へ電力を供給することをき電と言い，直流き電方式と交流き電方式がある．直流き電方式は，鉄道変電所で受けた三相交流を適当な電圧に降圧した後，整流器によって直流に変換してき電する．その際，正極はき電線を通じてトロリー線に接続され，負極はレールに接続される．トロリー線からパンタグラフを経て電車のモータに入った電気は，モータを回転させた後，車輪からレールを通って変電所に戻る．

　日本の直流き電方式に用いられる電圧は，JR や民間鉄道等の専用軌道を持つものは直流 1,500 V が使われ，市電は 600 V，地下鉄は 700 V を使う．いずれも鉄道変電所で交流から直流への変換を行っている．直流き電方式は，始動時のトルクの大きい直流モータを使うことができ，駆動に必要な電力を電車線から直接モータに導ける特徴がある．また，使用電圧が低いことからトンネル等の構造物との間隔を近くできること，線路近傍の通信線に対する影響を小さくできることのメリットがある．一方，モータの絶縁性能の都合上，電圧をあまり高くできないため，変電所を多数配置する必要があること，負荷電流が大きく故障電流との区別がつきにくいこと，直流の電流を遮断するのは容易ではなく遮断器が複雑になること，電食の影響を受けやすいこと等のデメリットがある．

　交流き電方式は，JR 在来線では 20 kV，新幹線では 25 kV が使われている．交流き電方式は，電力会社の送電線に遮断器と変圧器を接続するだけで電気車に必要な電気を供給できることから，変電所の設備を簡略化できること，変電所の間隔を長

くできること，電圧降下が小さいこと等がメリットである．一方，車両に変圧器，整流器等が必要で，車両が複雑になり重量が重くなること，電気車の交流単相の負荷が電気会社の系統に悪影響を与えぬよう特別の変圧器が必要となること等のデメリットがある．

交流の場合，使用周波数が地域によって違い，東北新幹線，上越新幹線は50 Hz，山陽新幹線，九州新幹線は60 Hzである．東海道新幹線は静岡県富士川を境に50 Hzから60 Hzに変わる．開通当時は列車側での対応が困難だったため，50 Hz地域では周波数変電所で60 Hzに変えていた．列車内は全線60 Hzである．北陸新幹線では，技術の進歩により保護装置付き周波数切替え装置が設置され，東京 - 軽井沢間が50 Hz，軽井沢 - 上越妙高間が60 Hz，上越妙高 - 糸魚川間が50 Hz，糸魚川 - 金沢間が60 Hzと3回も切り替わる．これは，東京電力，中部電力，東北電力，北陸電力の管轄内を通ることによる．

電気車は，速度が上がるほど加速度が大きくなるほど大きな電力を必要とする．時速50 kmで走行する10両編成500 tの通勤電車や新幹線が2 km/h/sの加速度で走行するには，走行抵抗なし，モータの効率100 %という理想的な条件で4,000 kWの電力を必要とする．時速150 kmで走行する新幹線が2 km/h/sの加速度で走行するには，理想的な条件で12,000 kWの電力を必要とする．通常，電線に流すことのできる電流には限度があるため，大電力に対応するには，電圧を上げる，電線を太くするか電線の数を増やす，変電所の間隔を短くするなどの対応が必要となる．日本の電気鉄道で多く用いられている断面積325 mm²の硬銅撚り線を例にとると，1本900 Aが連続して流せる限度となる．新幹線の供給電圧は25 kVであるので，12,000 kWの電力を供給するのに，電流は約500 Aで済むことになり，1本の電線で足りるということになる．

まとめ　鉄道変電所は，送電線から供給された三相交流をまず変圧器で所要の電圧に降圧し，直流や単相交流に変換し，トロリー線からパンタグラフ等の集電装置によって車両に供給する．直流方式ではJRや私鉄の専用鉄道には直流1,500 V，市電には600 V，地下鉄には700 Vを使うが，鉄道変電所で交流から直流への変換を行っている．交流方式では変圧器で降庄単相化して，JR在来線で20 kV，新幹線では25 kVが供給されている．直流方式，交流方式それぞれにメリットとデメリットがある．

第 9 章　自動車とエネルギー

51話　ガソリン車とは？

　ガソリン車は，ピストンとシリンダからなる空間にガソリンと空気の混合ガスを注入し，ピストンを押し込み圧縮した後，点火することで爆発的に反応させ，ピストンを急激に押し出す．ガソリンは炭素数 4～10 の炭化水素で，燃焼により二酸化炭素と水蒸気になるが，シリンダ内の温度は 2,000 ℃ 以上となり，その熱で気体が膨張しピストンを動かす．エンジンは，図 29 に示すように，混合気体の①吸入，②気体の圧縮（着火），③膨張，④排気の 4 工程の間にピストンは下，上，下，上と 2 往復する．ピストンの上下運動は，コンロッドとクランクシャフトの組合せで回転運動に変えられる．エンジンの生み出す熱で不具合が起こることをオーバーヒートと呼び，それが起きないようにラジエータ等の冷却装置がある．

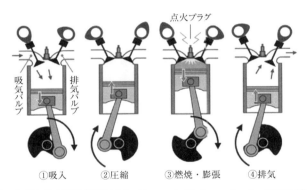

図 29　ガソリンエンジンの 4 工程［出典：http://cacaca.jp/dictionary/engine/8485/, 2016.1.31 アクセス］

　エンジンを始動する時はイグニッションキーを右側に回し，バッテリからの電気によりスタータモータを回す．エンジンの 4 工程をスタートするには，外部からピストンを上下し，スタータモータを回し，クランクシャフトを先に回転してピストンを上下するという通常とは逆の動きを起こす．スタータモータが回ってクランクシャフトが回転すると，ピストンが往復運動を始め，エンジンが空転する．ピストンが下がると，エンジンのシリンダ内の気圧が下がり吸引力が生じる．この吸引力によってガソリンと空気の混合ガスを吸い込む．

　ガソリンが燃えると，二酸化炭素と水蒸気になるが，排気ガスには空気中の窒素が酸化した窒素酸化物 NOx，そして燃え残りの煤の微粒子，一酸化炭素，炭化水素

が含まれる．そのまま排出すると空気を汚染するため，触媒マフラを通して浄化する．触媒マフラには白金，パラジウム，ロジウムの3元触媒が使われ，600〜800℃の温度で，NOxは窒素と酸素に，一酸化炭素は二酸化炭素に，炭化水素は二酸化炭素と水蒸気に変えられる．排気ガスの温度を下げるとエンジン効率と燃費が良くなるが，触媒マフラの温度も下がり，排気ガスの浄化がうまくいかない．

触媒マフラを通過した排気ガスは，消音マフラに入る．排気ガスの流れは速く，エンジンの4工程によって激しく振動しているので，そのままでは大きな騒音になる．消音マフラは太い筒で，気体の速度が低下し，音が小さくなる．その次に消音材のグラスウールの層を通し，さらに音を小さくする．

ガソリン車は，エンジンが生み出した力をタイヤに伝える複雑な動力伝達機構を持っている．その仕組みは，(1)エンジンの力を無駄なく伝達する，(2)必要に応じてエンジンの力を伝えない，(3)必要に応じてエンジンの力を変換する，(4)旋回時等には左右のタイヤに適切に駆動力を配分する，(5)前後各2輪または4輪全部に力を伝える，となっている．動力伝達機構には，クラッチ，トルクコンバータ，トランスミッション，デイファレンシャルがある．クラッチは，マニュアル車についていて，エンジンの回転力をトランスミッションに伝え，停車時や変速時に回転力を切断する．トルクコンバータは，オートマチック車に付いていて，クラッチの働きをする．トランスミッションは，走行状態に応じてエンジンの回転力を変換させる装置で，歯車の組合せを変える方式と無段階に回転力を変化させる方式がある．差動装置は，旋回時にタイヤの回転差を調整し，スムースに動く働きをしている．

ガソリンエンジンの効率は30％程度と言われているが，その内訳は，排ガスの熱として32％，エンジンの冷却に28％，エンジン周りの摩擦や放射熱として10％の損失となっている．エンジン単体の効率は30％だが，ガソリン車としての効率はそれよりかなり低くなる．例えば，エンジンが空転するアイドリングという状態があるが，その時に消費されるエネルギーは車を走らせるために使われていない．

まとめ　ガソリン車は，ピストンとシリンダからなる空間にガソリンと空気の混合ガスを注入し，そこからピストンを押し込んで圧縮した後，点火して爆発的に反応させピストンを押し出して機械的なエネルギーを得ている．エンジンの始動装置，点火装置，冷却装置，動力伝達装置，排ガス浄化装置，消音装置等のガソリン車に特有な装置が必要である．ガソリンエンジンのエネルギー効率は30％程度と言われているが，これはガソリンエンジンが燃焼熱を動力源としているためである．

52話　ディーゼル車とは？

　ディーゼルエンジンは軽油を燃料に使う．軽油は炭素数 10 〜 20 の炭化水素で，炭素数がガソリンに比べ多く，引火点がガソリンの − 40 ℃以下と違い 40 ℃以上と高いため，安全性に優れ，着火点がガソリンの約 300 ℃より低く約 250 ℃である．ガソリン品質はオクタン価という指標で表し，その値が大きいほどノッキングしない．軽油の指標はセタン価で，その値が大きいほど着火しやすい．セタンは軽油の代表的な成分で，化学式 $C_{16}H_{34}$ を持ち，セタン価は 100 である．

　ディーゼルエンジンは，圧縮比を大きくして燃料室の空気を高温にし，軽油を霧状に吹き付けて自然発火させるため，点火装置は不要である．ガソリンエンジンが燃料と空気の混合ガスを吸入するのに対して，ディーゼルエンジンは空気のみを吸入する．後工程の膨張と排気の 2 工程は，ガソリンエンジンと同じである．ガソリンエンジンとディーゼルエンジンの違いを**図 30** に示す．

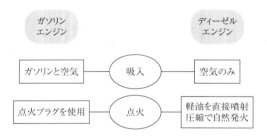

図 30　ガソリンエンジンとディーゼルエンジンの違い

　軽油を高温の空気で着火させるため，ディーゼルエンジンでは圧縮比を 17 〜 20 とガソリンエンジンの倍程度に設定されている．また，ガソリンエンジンでは燃料と空気の混合比を 1 対 15 程度にする必要があるが，ディーゼルエンジンではより希薄燃焼が可能なため，熱効率が高く，燃費が良いのが利点である．一方，高い圧縮比を実現するためにエンジンを頑丈にする必要があるために重量が増す欠点があり，振動も大きく，小型の乗用車には向かないと言われてきた．日本では，大型バス，トラック，乗用車では重量の重い RV 車等に採用されてきた．1990 年代後半の日本では，都市部での黒煙や粒子状浮遊物質の主因がディーゼル車にあるとされて規制が強化されたため，乗用車のエンジンとしてはほとんど採用されなかった．そ

の理由としては，ガソリン車ではガソリンと空気を予め混合してから吸入するので均一に反応が起こるのに対して，ディーゼル車では軽油を直接噴射するので反応が不均一に起こり，粒子状浮遊物質が生成しやすいためと考えられる．

その後，ヨーロッパを中心に低公害，低燃費のディーゼル車が開発されて普及したことから，日本でも新しいディーゼル車を見直す動きがある．新しいディーゼル車の中心的な技術はコモンレール方式の採用である．この方式では，燃料ポンプから燃料を噴射するインジェクタの間に高圧になった燃料を蓄える部屋（コモンレール）があり，インジェクタからは，各種のセンサの情報をコンピュータが判断した最適のタイミングで最適な量の燃料を噴射できるようにしてある．その結果，燃焼状態は理想に近づき，燃費が改善し，大気汚染物質も大きく減少した．

コモンレール方式の採用でディーゼル車の排気ガスがかなりきれいになったが，環境に対する配慮から排気ガス浄化が行われている．一つ目は，DPFと呼ばれるフィルタで黒煙や煤と呼ばれる粒子状物質を吸着して取り除き，二つ目は，触媒にロジウム等の貴金属を使ってNOxを還元して浄化し，三つ目は，尿素SCRと呼ばれるもので，NOxを尿素と反応させて還元して浄化する．これらの排気ガス浄化システムを採用することで，ガソリン車並みの排気ガス浄化が達成されつつある．なお，軽油中に硫黄含有量が多いとSOxが発生し，粒子状浮遊物質の原因ともなることから，硫黄分は10 ppm以下に厳しく規制されている．

ところが，2015年にフォルクスワーゲン（VW）車の排ガス不正問題が起きた．これは，ディーゼル車が良好な燃費を維持しつつ，排ガス基準を満たすことが技術的に困難であることを示している．

日本のディーゼル車の中には，軽量かつコンパクトなエンジンを開発するとともに，従来よりも圧縮比を下げ（14対1程度），より燃料を微細化できるインジェクタ，応答性を良くしたターボチャージャ，始動時や寒冷時の燃焼を安定化させるバルブシステム等が搭載されている．

まとめ ディーゼルエンジンは，圧縮比を大きくして燃料室に空気のみを入れて高温にし，軽油を霧状に吹き付けて自然発火させるので，点火装置不要のエンジンである．ディーゼルエンジンは，熱効率が良いのが利点であるが，都市部での黒煙や粒子状浮遊物質の主因とされ規制が強化されたため，乗用車用エンジンとして採用されなかった．最近は，技術の進歩によって排気ガスの浄化が実現している．

53話　ハイブリッド車とは？

　ハイブリッド車は，エンジンとモータを動力源として備えた車である．車種により違いはあるが，運転条件によって，エンジンのみの走行，モータのみの走行，エンジンとモータの同時使用による走行がある．エンジンの回転力を直接動力とするのに加え，発電機を回すために利用するタイプのハイブリッド車が多い．発電機の動力源は主にエンジンで，補助的に二次電池や回生ブレーキを用いる．

　電気自動車(EV)や燃料電池自動車(FCV)の将来性は高いが，まだガソリンエンジン車に代わるほど広く普及する段階にはない．EVは1回の充電で走れる距離は短く，FCVは価格が高いのに加えて水素の補給スタンドが十分整備されていない問題がある．環境重視の流れに沿って20世紀末にハイブリッド車がエコカーとして市場に投入され，2010年代には売行きトップを占めるケースも出てきた．

　車は，停車状態からの発進時に最も大きなエネルギーを必要とするが，その時に最大の力を発揮するのがモータである．モータは，大きな電力をかければいつでもすぐに大きなトルクを出せる．エンジンは，エンジンの回転数を上げないと大きな力を出せないので，小さな力を歯車で大きくできる発進用の大きなギヤ比を備えたトランスミッションが必要である．

　エンジンとモータの両方を持つハイブリッド車は，発進時には大きな力を出せるモータを使い，速度が出てきたらエンジンを使う．最大トルクを出せる回転数近くまで速度が上がれば，エンジンの効率は良い．ハイブリッド車は，エンジンとモータの長所を生かして使い分け，燃費を改善し，有害物質をほとんど出さない車とされている．また，充電の必要がなく，モータ駆動用電池の充電にはエンジンの動力を使うか，車が減速する際に発電機として機能する回生を利用する．モータが発電機に切り替わるのは，モータと発電機が同じ機構だからできる．減速時にアクセルから足を離すと，制動力が働きタイヤの回転力がモータに伝わり，モータが発電機に切り替わる．この回生によりハイブリッド車のエネルギー効率は高くなる．

　ハイブリッド車にはいくつかの種類があり，これまで述べてきたハイブリッド車はパラレル方式と呼ばれる．パラレル方式にも2種類ある．一つは，エンジンとモータに加えて発電機を持つ方式で，トヨタが採用している．走る時に主に使う機構がモータで，急加速等に補助的にエンジンを利用し，ある一定回転数でエンジンを使って燃費を良くしている．エンジンは発電機の動力としても働き，電池を充電

しておく．この方式は，シリーズ・パラレル方式とも呼ばれる．

　もう一つは，発電機を持たない方式で，主にエンジンの駆動力で走る．モータは，エンジンの駆動力が不足する発進時，追越し加速等のより大きな力が必要な時に補助的に使う．この方式は，ホンダ等が採用している．

　シリーズ方式と呼ばれるハイブリッド車もある．この方式では，車を走らせる動力としてはモータだけを使う．エンジンは発電機を動かすためにだけ使い，その電気を使ってモータを駆動する．乗用車よりも大型バス等で使われている．モータは低い回転数から大きな力が出せるため，大きな車を動かすのに適している．モータの駆動だけに発電機を動かすため，小さなエンジンで済み，燃費が良くなる．ハイブリッド車の仕組みを**図31**に示す．

　ハイブリッド車用の電池は，当初はニッケル水素電池が用いられていた．その後，リチウムイオン電池がkg当たりのエネルギー貯蔵量が2倍程度と高く，2000年代半ばにハイブリッド自動車用に登場してから，信頼性向上，コスト低下が図られ，現在ではリチウムイオン電池が主流になってきている．

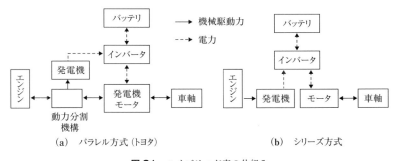

図31　ハイブリッド車の仕組み

まとめ　ハイブリッド車は，エンジンとモータを動力源として備えた車である．発進時に大きな力を出せるモータを使い，速度が出てきたらエンジンを使う．ハイブリッド車は燃費を改善して有害物質をほとんど出さず，充電の必要がない．車が減速する際に発電機としてエネルギーを回収することができる．ハイブリッド車には，モータで主に走り，急加速等に補助的にエンジンを利用する方式，主にエンジンで走り，発進時等に補助的にモータを使う方式等がある．

54話　プラグインハイブリッド車とは？

　電気自動車のように直接充電できるハイブリッド車は，プラグインハイブリッド車(PHV)と呼ばれる．プラグインは，コンセントにコードをつなぐという意味である．家庭用の電気で充電する前提で電池を多く積み，電気自動車ほど長距離は走れなくても，日常の通勤や買い物程度の距離は電池だけで走ることができる．この背景には，一般的なドライバーが1日に走る距離が平均20数kmというデータがある．また，二次電池の性能が良くなったことも理由の一つである．当初，電池にはニッケル水素電池が用いられていた．その後に採用されたリチウムイオン電池は，車両重量当たりの出力エネルギーがニッケル水素電池の倍くらいだが，安全性，コスト面で難があった．それらの点が解消に向かい，2010年代からはリチウムイオン電池が主流となっている．ただし，PHVで遠出をする時はガソリンで走る必要がある．

　PHVは，蓄電池容量は電気自動車より少ないものの，ハイブリッド車よりは多い．充電には家庭用電源が利用可能で，電化地域であればどこでも充電できるメリットがある．ハイブリッド車ではあるが電気自動車に近く，長距離走行を内燃機関で補いつつも実用的な電動航続性能があり，片道30 km程度の通勤や買い物や送迎といった日常用途なら燃料を使わずに安価な深夜電力のみで往復できる．電池のみの航続距離は，中国メーカー比亜迪汽車のBYD F3DMで約96 km，シボレー・ボルトで約62 km，プリウスPHVで約26 kmと言われている．中国メーカーの航続距離が長いのは，ガソリンスタンドが普及していない地域での自動車普及を狙ったもので，車体重量を極力減らし，エアコン等の搭載を制限し，車内で極力電気を使わない設計になっている．生産台数は少ないようである．

　短所は，自家発電装置等がない限り停電時に外部電力での充電ができない，電池容量を超える距離の走行は内燃機関で発電を行いながらの走行となる，電気自動車と内燃車の双方の機構が必要で，ガソリン車より高コストで，電池のコストダウンが進んだ場合は純電池式電気自動車に比べコスト面で不利等の点が挙げられる．

　PHVの充電は自宅でできるが，将来はより便利な充電方法が可能になると考えらる．ワイヤレス充電と呼ばれるもので，ケーブルでつながなくてもできるシステムである．3種類の方式があり，電気自動車と共通仕様となる．一つ目は電磁誘導方式で，2つのコイルの片方に電流を流すことで電磁誘導により隣接するコイルに

電流が流れる仕組みで，大電力化も可能である．距離が離れると効率が下がるため，接触状態に近くする必要がある．二つ目は電磁界共鳴方式で，送電側コイルが空間に形成した電磁界から受電側コイルが受け取ることで電力を伝える．共鳴現象を利用することで効率を高められ，1mほどの距離があっても可能である．三つ目は電波方式で，電流をマイクロ波等の電磁波に変換し，アンテナを介して送受信する．離れた距離でも送れるが，大電力化と高効率化に課題が残っている．ワイヤレス充電が可能になると，自宅の駐車場，ショッピングセンター，レストラン等の街の充電インフラを活用しやすくなる．**図32**にPHVの仕組みを示す．

　PHVは，電気自動車とハイブリッド車の間でつなぎの役目として登場した感があるが，車体に占める電池の割合が重量的にも体積的にもまだ大きい．PHVが一時的なつなぎで終わるのか，それともかなりな期間継続するかは，電気自動車の開発動向，とりわけ高性能電池の開発にかかっている．リチウムイオン電池の性能向上，あるいは次世代二次電池の進歩が待たれる．

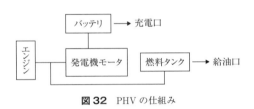

図32 PHVの仕組み

まとめ　電気自動車のように直接充電できるハイブリッド車をPHVという．PHVは電気自動車ほど長距離は走れないが，日常の通勤や買い物程度の距離では電池だけで走ることができる．遠出をする時はガソリンで走る必要がある．PHVは自宅でも充電できるが，将来はワイヤレス充電が可能となり，インフラ整備が進めば街での充電が簡便にできるようになる．PHVは，電気自動車とハイブリッド車の間のつなぎの車である．

55話　電気自動車とは？

　電気自動車(EV)はエンジンを使わず,車に搭載した電池から電力を得て走る.エンジンを使わないため,エンジン,トランスミッション,ガソリンタンク,燃料ポンプ,燃料噴射装置,吸気管と排気管,排気ガス浄化装置,マフラ等が不要となる.それに代わって,モータ,蓄電池,制御に関わるインバータ,充電器が必要になる.
　電池式EVは,外部からの電力供給によって二次電池に充電し,電池から電動モータに供給する方式が一般的である.車両に発電装置を搭載する例には,太陽電池を備えたソーラーカー,燃料電池を搭載する燃料電池自動車がある.電池を用いた方式は構造が単純で,自動車の黎明期から今日まで,遊園地の遊具,フォークリフト,ゴルフカート等の多くに使用されてきた.しかし,二次電池は出力やエネルギー当たりの重量が大きく,コストも高く,寿命も短いという問題があった.また,稼働時間に比べ長い充電時間も短所で,交通機関の主流とはならなかった.近年,出力密度もエネルギー密度も高く,繰返しの充放電でも劣化の少ないリチウムイオン二次電池が発展し,EVは実用化されてきた.
　ガソリンエンジン,ディーゼルエンジン等の内燃機関による動力源と比較すると,適切に選ばれたモータの起動トルクは大きく,高速回転領域まで電力の変換効率はそれほど変化しない.したがって,変速機を必要としないし,始動用の補助動力装置も不要である.モータは,外周部(ステータ)にいくつかのコイルが並べられ,中心部に強力な永久磁石が埋め込まれたロータがある.電池からインバータを通して交流が流れると,コイルは電磁石となってN,S,N,Sと変化し,永久磁石のNSとの間に吸引力と反発力が生じてロータが回転する.ガソリンエンジンの変換効率は約30％だが,モータ回転の約80％が駆動力になると言われている.
EVの特長は,
① 内燃機関に比べエネルギー効率が数倍高いこと,
② 内燃機関のクラッチ,変速機等が不要で,パッケージングの制約が少ないこと,
③ 内燃機関特有のアイドリングがないため,車両一時停止時も無駄なエネルギー消費がないこと,
④ 電動モータは駆動力と制動力の双方を生み出すため,電子制御で高性能のトラクションコントロールを実現することが容易なこと,
⑤ 走行時の二酸化炭素や窒素酸化物の排出がないこと,

⑥ 電池の価格さえ大幅に下がれば，ハイブリッド車はもちろん，ガソリン車より安く作ることが可能なこと，

等の点が挙げられる．

　一方，欠点としては，電力は燃料のように備蓄できず，停電の際は自家発電等の電源を必要し，ヒータに内燃機関の廃熱が使えないため，エアコン使用時は航続距離が短くなる．現在の二次電池は，体積や重量当たりのエネルギーが化石燃料に比べて小さく，充電容量も限られ，同一重量当たりの走行距離が内燃機関車より短い．特に積載量に影響する貨物自動車，タイヤへの負荷と路面に対する活荷重が重要となる大型自動車には採用しにくい．電力は安価なことと，充電時間の長さの問題もあり，サービスとして採算がとれず，ガソリンスタンドの充電スタンドへの転用ができにくい問題がある．現状では電池は高価だが，それは正極にコバルト化合物を使っているためで，コバルト化合物を使わない代替材料で量産が可能となれば価格は大きく低下する．

　EVは，イグニッションキーをひねる，またはスタートボタンスイッチを入れると，メータに"ready"の表示が出るだけで，モータは止まったままである．これはハイブリッド車でも同じことである．シフトレバーをPからDにしてアクセルペダルを踏み込むと，静かに走り出す．アクセルペダルを踏み込むと，ペダルに取り付けられたセンサがペダルの移動量を検知し，その信号をコンピュータに送る．コンピュータはインバータに指示を出し，電池の電力をどれだけモータに伝えるかを調節する．モータは，電池から送られた電力に従って回転数を調節する．

　電池式EVは軽自動車や普通乗用車に用いられるが，大型車をEVにするためには大量の電池を搭載する必要がある．そのため，大型車には走行中に電力を外部から供給する架線式EVが用いられる．大型車で架線を用いない場合は，ハイブリッド車か燃料電池自動車が考えられている．

まとめ　電気自動車は，エンジンを使わずに車に載せた電池から電力を得て走る．電気自動車はエンジンを使わないので，多くの部品が不要となる．電気自動車は，内燃機関に比べエネルギー効率が高く，クラッチや変速機等が不要，アイドリングがないこと，モータは駆動力と制動力の電子制御が可能等の特徴がある．電気自動車の欠点としては，電力は燃料のように備蓄ができず，停電の際は自家発電等の電源を要し，ヒータに内燃機関の廃熱が使えないため，エアコン使用時は航続距離が短くなる点等がある．

56話　燃料電池自動車とは？

　燃料電池車(FCV)は，水素を燃料タンクに蓄え，燃料電池(FC)で発電して電動モータを駆動するEVである．FCVには固体高分子形燃料電池(PEFC)が用いられている．長所は，エネルギー効率がガソリン車の3倍程度あること，走行時に二酸化炭素や窒素酸化物を出さないこと，航続距離が電池式EVより長いこと等である．短所は，水素脆化により車両の金属劣化があること，高圧水素タンクが必要なこと，化石燃料から水素を生産すると，ガソリン車以上に環境負荷が大きいこと，水素供給インフラ整備に費用と時間がかかること，イオン交換樹脂の劣化による性能低下で数年ごとに燃料電池の交換が必要なこと，触媒に用いる白金等により高価となり，取得費用がかかること等である．
　FCVは，燃料電池スタック，二次電池，高圧水素タンク，モータ等よりなる．EVとハイブリッド車の中間に位置する存在である．EVと比較すると，二次電池を燃料電池に置き換えた車であるが，二次電池を補助的に使っている．最も効率の高い出力条件で運転するため，二次電池をエネルギーの需要と供給のバランスを取るための電力の貯蔵装置として使うし，ブレーキをかけた時に回収されるエネルギーを電力として貯蔵するために使う．FCVの仕組みを**図33**に示す．

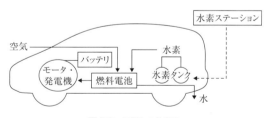

図33　FCVの仕組み

　FCVに燃料を供給する水素ステーションではいくつかのタイプが考えられている．ガソリンスタンドのように定位置に建設する定置式と，水素源のない地域やバックアップ用に使われる移動式とがある．水素の発生源に伴なって，鉄鋼業，化学工業，精油所等からの副生水素をタンクローリで運搬し，貯蔵する方式，商用電源や再生可能エネルギーの電力で水を電気分解して水素を製造する方式，メタノール，都市ガス，灯油等の燃料から水素ステーション内で改質して水素を生産する方

式がある．いずれにしても，現状では水素を高圧タンクに充填し，70 MPa（700 気圧）程度に加圧されている．これらは水素を直接充填する方法だが，水素吸蔵合金等の水素化合物の形にしたものを利用する方法，メタノール，都市ガス，灯油等の燃料から自動車内部で改質して水素を得る方法等もある．

高圧水素タンクは 170 L 程度で，圧力は以前 35 MPa であったが，最近は 70 MPa 程度に加圧されたため，航続距離が 800 km にまでになっている．走行試験の結果，燃費は約 120 km/kg であった．水素の価格が 1,200 円/kg とすると，ガソリン車と同程度で，ハイブリッド車と競合するには 600 円/kg，深夜電力利用の EV と競合するには 120 円/kg であることが必要である．

FCV の水素供給インフラと EV の充電インフラとの比較では，充電の方がよりインフラ構築が行いやすい．水素スタンドは水素の生成方法にもよるが，安全性を確保するうえで立地，タンクの設置方法，安全装置等に多数の制約がある．建設費用は，現状ではガソリンスタンドの約 3 倍のコストがかかる．2013 年夏時点で，日本国内の水素ステーション数は 17 箇所であったが，2015 年までに商用水素ステーションを 100 箇所設置することが目標となっている．

FCV は水素を燃料とするため，安全性についての懸念もある．水素は，空気との混合割合の広い範囲で発火するし，点火しやすいので危険と思われがちである．しかし，水素は空気よりもかなり軽く，たとえ漏れたとしてもすぐに拡散してしまうため，かえって安全だという面もある．FCV も衝突の危険はあるし，トンネル等で火災に巻き込まれる危険もある．そのような状況で水素だという理由でどの程度危険性が高まるかについて，公的な機関で実験やシミュレーションが行われている．それによると，ガソリン車や天然ガス車に比べても大差がないとのことである．

まとめ　　燃料電池自動車（FCV）は，水素を燃料として燃料電池で発電して電動モータを駆動する電気自動車である．FCV の長所は，エネルギー効率がガソリン車の 3 倍程度あること，走行時に二酸化炭素や窒素酸化物を出さないこと，航続距離が電池式電気自動車より長いこと等である．FCV は，FC を最も効率の高い出力条件で運転するためとブレーキの回生のため，二次電池を補助的に使っている．FCV には高圧水素ボンベが必要なこと，水素供給インフラが必要なこと等の課題がある．

第 10 章　水素エネルギー

57話　なぜ水素エネルギーが注目されるのか？

　水素は，自然界では採集可能な形では存在しない．多くは石油，天然ガス等の化石燃料からの改質やバイオマスから得られ，その源は，植物が水と二酸化炭素を原料に太陽からのエネルギーを利用して光合成を行い，長い年月をかけて得たものである．つまり，利用する水素は，元は地球に広く存在している水から植物の手を借りて得られたものである．もちろん，水の電気分解等により得ることはできるが，そのためには電気エネルギーが必要となる．

　石油，天然ガス等の化石燃料の主成分は炭化水素で，C_nH_{2n+2} の一般式で書き表される．化石燃料を燃料として使う時の反応は，

$$C_nH_{2n+2} + (1/2)(3n+1)O_2 = nCO_2 + (n+1)H_2O + 熱 \qquad (8)$$

となる．これは発熱反応で，その熱を様々な形で利用している．天然ガスの主成分はメタン CH_4 ($n=1$)，プロパンガスは C_3H_8 ($n=3$) で，ガソリンは n が4〜10，軽油は n が10〜20となる．重油は n の数値がより大きくなる．式(8)は，炭化水素の炭素分は二酸化炭素に，水素分は水になり，共にエネルギーを発生すると見ることができる．天然ガス($n=1$)1分子が燃えると，式(8)から二酸化炭素1分子と水2分子を生成する．ガソリンの代表的な成分オクタン($n=8$)が燃えると，二酸化炭素8分子と水9分子を生成する．天然ガスの場合の生成分子の比は，二酸化炭素1に対し水2であるが，オクタンの場合は，二酸化炭素1に対し水9/8しかない．つまり，オクタンの場合，天然ガスに比べて二酸化炭素を多く発生することになる．そのため，天然ガスは相対的に環境に対して優しいと言えるわけである．式(8)は n の値が小さいほど，相対的に二酸化炭素の発生量が少なく，環境に対して優しいことを示している．さらに，$n=0$ とした場合，水素が反応して水を生成する反応となり，二酸化炭素を全く生成しないことを示している．

　石油は液体で，硫黄等の多くの不純物を含むが，水素は気体で，不純物を含みにくい性質がある．水素から水を生成する時，多くの熱を発生するが，生成物は水だけで有害な物質を発生しないことが注目される最大の理由になっている．

　水素エネルギーはクリーンなエネルギーであるが，用途が開拓されないと利用は進まない．水素は，鉄鋼業，化学工業，電子工業において主に工場内で用いられてきた．最近の燃料電池の開発が進展し，燃料電池用燃料として注目されるようになってきた．家庭用発電システムとしてのエネファームは，燃料として天然ガスを改質

して水素を得ているが，燃料電池車は純水素を燃料とする車として登場した．大型の燃料電池複合発電の実用化が計画中で，水素または天然ガスが燃料として想定されている．燃料電池を介さなくても，水素エンジン自動車，燃料を水素とする発電，液体水素を燃料とする航空機も，水素が安価になれば可能性が出てくる．

将来，化石燃料が枯渇する場合に備えて再生可能エネルギーを開発する必要に迫られるが，太陽光発電，風力発電等は天候により発電量が大きく変動するため，何らかの形でエネルギーを貯蔵する必要がある．NAS電池等の二次電池に貯蔵する方法もあるが，太陽光発電，風力発電等で得た電力を用いて水を電気分解して水素を貯蔵するのも選択肢の一つである．その水素を燃料に需要地近くで燃料電池発電を行えば，送電にかかる投資を抑制することもできる．

水素エネルギーは143 MJ/kgで，ガソリンの43.5 MJ/kgに比べて大きいが，水素は常温では気体であるので，体積当たりにするとはるかにエネルギー密度が小さくなる．ガソリン60 Lに相当する水素の体積は，液体水素で70 L，35 MPaの高圧水素では520 Lとなる．その意味では，水素エネルギーの利用を図るにしても，輸送，貯蔵には課題があることを示している．

まとめ　水素は，自然界に採集可能な形では存在せず，炭化水素か水の形で存在している．水素を燃やすと水になり，その際，莫大なエネルギーを発生するが，有害物資を出さない．水素は燃料電池用燃料として注目されてきている．家庭用発電システムとしてのエネファームは，燃料として天然ガスを改質して水素を用いるし，大型の燃料電池複合発電の実用化が計画中である．燃料電池自動車は，純水素を燃料として走る車として登場した．現状では水素源として化石燃料が使われているが，再生可能エネルギーの活用が課題である．

58話　化石燃料からどのように水素を得るのか？

　地球上の水素源は，ほとんど水，あるいは水を光合成で植物体内に取り込んだ形で存在している．植物体内に取り込まれた水素は，長い年月を経て化石燃料となり，主に炭化水素の形になっている．石油，天然ガス等の化石燃料は，エネルギー源として大量に利用，流通されているので，化石燃料を改質して水素を得る方法が最もコストが安いのが現状である．

　炭化水素の炭素と水素を化学的に切断して分離する．水蒸気改質法は式(9)で示すように，化石燃料に水蒸気を接触させて水素を得る．

$$C_nH_m + nH_2O = nCO + [n + (1/2)m]H_2 \quad (9)$$

この反応は，圧力 2 MPa 程度，温度約 800 ℃，ニッケル系触媒を用いて行われる．この反応の前に硫黄を取り除く脱硫工程がある．この反応の後，一酸化炭素を改質する CO 変性工程がある．

$$CO + H_2O = CO_2 + H_2 \quad (10)$$

　式(10)はシフト反応と呼ばれている．これらの反応で得られた水素は，PSA（圧力変動吸着）法や膜分離法による精製工程で二酸化炭素を取り除き，純度 99.9 ％以上にする．この改質反応は，天然ガスを利用する発電システムエネファームでも採用されている．また，メタノールを改質して水素を得るメタノール水蒸気改質でも原理的にはこの方法が用いられる．

　部分酸化法は，炭化水素を無触媒で 1,200 〜 1,500 ℃の温度で不完全燃焼させ，一酸化炭素と水素の混合ガスを得る方法である．その反応は式(11)で表せる．

$$C_nH_m + (n/2)O_2 = nCO + (1/2)mH_2 \quad (11)$$

式(9)の反応が吸熱反応であるのに対し，式(11)は発熱反応で，熱効率が良いのが特徴である．

　水素は，石油の精製の際に副生する．重質ナフサを原料としてガソリン基材を製造する接触改質装置等で水素が生成する．その水素の 2/3 は工場内の脱硫装置等で消費される．残りは年間で 64 億 Nm^3 程度あるが，燃料電池用等に用いることができる．ここで，N は標準状態（0 ℃，1 気圧）を意味する．そして，石油化学工業でもエチレン製造時のオフガスとして水素が副生する．一部はポリマー製造用に使われるが，残りは 13 億 Nm^3 程度ある．

　水素は製鉄の際にも副生する．製鉄所では，鉄鉱石を還元するため大量のコーク

スを使用し，石炭をコークス炉で加熱すると，乾留ガス，タール，軽油，コークスが生成する．乾留ガスには水素56％，メタン29％含まれる．また，鉄鉱石を還元する高炉では，高炉ガスの中に一酸化炭素22％含まれるので，式(10)のシフト反応によって水素が得られる．これらの水素は，精製後，工場内の燃料として使用される．残りは年間84億Nm³程度あり，将来，他用途に用いられる可能性がある．

　石炭のガス化は，ガス化炉に石炭を入れ，圧力3 MPa，1,300～1,600℃にして水蒸気と酸素を吹き込み，石炭を部分酸化して水素と一酸化炭素にし，一酸化炭素をシフト反応によって水素にする．石炭のガス化は大規模には行われていないが，将来，水素の需要が高まった時に重要な水素源として見直される可能性がある．

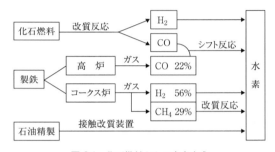

図34 化石燃料からの水素生成

まとめ　　化石燃料の水素源は，植物が水を光合成で体内に取り込み炭化水素の形になったものである．化石燃料の炭化水素の炭素と水素を化学的に切断して分離し，水素を得る．水蒸気改質法は，化石燃料に水蒸気を接触させて水素を得る．部分酸化法は，炭化水素を不完全燃焼させて一酸化炭素と水素の混合ガスを得る．工業的には，石油精製，石油化学，製鉄等の過程で水素が副生する．多くは工場内で消費されるが，残りは他用途に用いられる．石炭のガス化によっても水素が得られるが，現在は大規模な生産が行われていない．

59話　化石燃料以外からどのように水素を得るか？

「水素はクリーンなエネルギーであるが，化石燃料から水素を得るのではクリーンとは言えないのではないか」という意見はもっともである．当面，コストの安い化石燃料由来の水素を用いるにしても，将来は化石燃料以外の水素源を増やしていかねばならない．化石燃料は値段が高くなり，いずれは枯渇するので，再生可能な方法でエネルギーを確保する必要がある．

地球上の水素源はほとんど水で，化石燃料以外から水素を得るには何らかの方法で水を分解する必要がある．食塩をイオン交換膜法で電気分解するとNaOHが製造されるが，副産物として水素が生成する．イオン交換膜法では，陽極にあったNa^+イオンは陽イオン交換膜を通過するので陰極に向かうが，陰極のOH^-イオンは陽イオン交換膜を通過できず陰極に残る．陽極では塩素イオンが塩素と電子に変換され，塩素は気体となり，電子は外部回路を通って陰極に達する．陰極では外部回路を通ってきた電子と水とが反応してOH^-イオンと水素が発生し，OH^-イオンと陽イオン交換膜を通過したNa^+イオンとでNaOHが生成する．この方法で年間約12億Nm^3の水素が得られている．

太陽光発電，風力発電等の再生可能エネルギーを用いて水を電気分解する方法が注目されている．固体高分子形燃料電池(PEFC)に用いられる固体高分子電解質膜の陽イオン交換膜を用いて水の電気分解に高い効率で得られている．**図35**にPEECを用いた水電解の原理を示す．厚さ0.1～0.3 mmのフッ素樹脂系の膜の両端に電極触媒を塗布して陽極および陰極の電極を形成し，電気の供給および気体の流路の役割を持つメッシュ状の金属の給電体を押し当て，それらを積層したスタックを形成する．電極反応は，式(12)のようになる．

$$\left.\begin{array}{ll}陽極 & H_2O = 2H^+ + (1/2)O_2 + 2e^- \\ 陰極 & 2H^+ + 2e^- = H_2\end{array}\right\} \quad (12)$$

陽極では，水が分解してプロトンと電子と酸素が発生し，電子は外部回路を通って陰極に達し，プロトンは陽イオン交換膜を通って陰極に向かう．陰極ではプロトンと外部回路を通ってきた電子が結合して水素を発生する．式(12)の反応は理論的には1.23 Vで起こるが，実際には電解質での抵抗や電極での過電圧があり，電流密度が1～2 A/cm^2の時，端子電圧が1.65～1.8 Vになる．その時の電気分解効率は82～90 %になる．

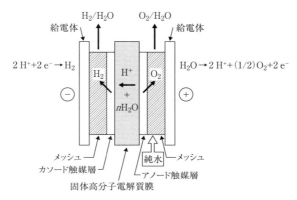

図35 固体高分子形水電解の原理図 [出典：西川尚男著, 新エネルギーの技術, p.216, 東京電機大学出版局, 2013]

水の熱分解は2,500℃以上の高温を必要とし，実用的ではない．そこで，より低温で水分解する方法が考えられている．原子炉の高温ガス炉の廃熱を利用した熱化学分解法では，ヨウ素 - 硫黄（I - S）反応を利用する．

① ヨウ素化水素分解反応　　$2HI = H_2 + I_2$
② 硫酸分解反応　　$H_2SO_4 = H_2O + SO_2 + (1/2)O_2$
③ ブンゼン反応　　$SO_2 + I_2 + 2H_2O = 2HI + H_2SO_4$

①は200〜400℃，②は400〜900℃，③は100℃程度になるように温度制御し，①〜③の反応を循環させて水素を得る．

　畜産糞尿，森林廃材，稲わら，もみがら等の農産廃棄物，下水汚泥，建築廃材，黒液，食品廃材等の産業廃棄物，生ゴミ，廃油等の生活廃棄物を処理し発酵させてバイオガスからメタンガスを得て，水素を得ることができる．これは化石燃料から水素を得る方法と同じだが，バイオマス由来の水素ということになる．

まとめ　化石燃料以外に水素を得るには，何らかの方法で水を分解する必要がある．食塩をイオン交換膜法で電気分解してNaOHを製造する時の副産物として水素が生成する．固体高分子電解質膜の陽イオン交換膜を用いて水の電気分解が高い効率で得られている．電流密度が$1〜2 A/cm^2$の時，端子電圧が$1.65〜1.8 V$で効率が$82〜90\%$になる．熱化学分解法は，ヨウ素 - 硫黄反応を利用して900℃以下で水を熱分解して水素が得られる．

60話　どのように水素を貯蔵,運搬するか?

　燃料電池発電システムのエネファームは天然ガスを改質して水素として使用するので,当面,純水素を必要とする用途は主に燃料電池自動車(FCV)である.FCVに必要な水素をどのように貯蔵し,必要な場所まで運搬するかが課題である.500 km走行に必要な燃料はガソリン車では60 L,FCVでは5.3 kgの水素が必要となる.自動車用の燃料評価として1 L当たりの発熱量は,ガソリンを1とすると,液体水素が0.26,70 MPaの高圧水素が0.21,35 MPaの高圧水素が0.10となる.ガソリンと同じエネルギーを得るためには,液体水素が3.8倍,70 MPaの高圧水素が4.8倍,35 MPaの高圧水素が10倍容量の燃料タンクを積む必要になる.ところが,ガソリン車のエネルギー効率が13 %程度,FCVのエネルギー効率が40 %程度なので,70 MPaの高圧水素を積んだFCVの場合,ガソリン車に比べて1.56倍の燃料タンクがあればよいことになる.

　水素の貯蔵方法には,高圧水素,液体水素,水素吸蔵合金,有機ハイドライド等がある.高圧水素ボンベは35 MPa用と70 MPa用とがあり,アルミニウムで製造されたタンクに炭素繊維が巻かれて補強されている.

　世界的にはパイプラインによる水素輸送の実績が多くある.化学工場間での輸送が多くなされている.水素のパイプラインの総延長は3,000 kmで,ガス圧力は7 MPa以下,材料は炭素鋼とステンレス鋼が使われている.

　液体水素貯蔵は,液化天然ガス貯蔵の実績が参考になる.天然ガス(メタン)の沸点が－161.5 ℃に対し,水素の沸点は－252.9 ℃と低く,水素の体積当たりの蒸発熱はメタンの1/7程度で,水素は天然ガスに比べて10倍程度蒸発しやすい.したがって,液体水素の貯蔵タンクには,熱侵入による蒸発を避けた設計が必要となる.液体水素の貯蔵タンクとしては,種子島宇宙センターやNASAの例がある.

　水素吸蔵合金には,$LaNi_5$,$MnZn_2$,TiMoCr系等がある.常温,常圧のガスに対し体積を約1/1,000にできる.水素貯蔵性能は重量当たり1〜3 %程度で,500 km走行するFCV用には5 kgの水素が必要で,250 kgの水素吸蔵合金を搭載しなければならない.さらに水素貯蔵密度を上げないと実用化できない.

　シクロヘキサン,デカリン等の有機ハイドライドとして水素を貯蔵する方法が最近注目されている.ベンゼン,ナフタレン等の芳香族炭化水素にニッケルまたは白金触媒を用いて10気圧程度,150〜200 ℃で水素を反応させると,ベンゼン,ナフ

タレンの二重結合の位置に水素が反応し，式(13)，(14)のようにシクロヘキサン，デカリンになる．

$$C_6H_6 + 3\,H_2 = C_6H_{12} + 206\text{ kJ} \tag{13}$$
$$C_{10}H_8 + 5\,H_2 = C_{10}H_{18} + 326\text{ kJ} \tag{14}$$

この結果，1 L のデカリンは約 800 L の水素を貯蔵することができる．デカリンは液体なので，軽油並みの扱いで貯蔵，運搬が可能である．水素を得る時は，触媒存在下で150℃以上に加熱すると，式(13)，(14)の逆の反応で水素が発生する．

有機ハイドライドで運搬する場合は，既存の石油インフラを使うことができる．製油所，製鉄所等でナフタレン等の芳香族炭化水素および水素が製造され，有機ハイドライドの形で貯蔵される．タンクローリ，タンカー等で水素ユーザーに輸送される．海外の太陽光発電や風力発電で得た電力を用いて水の電気分解を行い，その水素を有機ハイドライドの形にしてタンカーで運搬することもできる．水素ユーザーが水素を使った後の芳香族炭化水素は，タンクローリ等で水素供給元に運搬される．

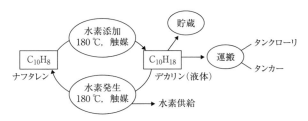

図36 有機ハイドライドによる水素の貯蔵・運搬システム

まとめ　水素の貯蔵方法としては，高圧水素，液体水素，水素吸蔵合金，有機ハイドライド等がある．液体水素として貯蔵する方法は液化天然ガス貯蔵が参考になるが，水素の沸点が低く，蒸発熱が小さいので天然ガスに比べてはるかに蒸発しやすい．シクロヘキサン，デカリン等の有機ハイドライドとして水素を貯蔵する方法が有望である．輸送も石油インフラを使うことができ，海外からタンカーで運ぶことも可能である．

61話　水素利用社会のイメージは？

「水素利用社会」と言われても，何を言っているのだろうかと思う人も多いかもしれない．それは当然のことで，現在は天然ガス，石油，石炭の化石燃料でエネルギーの大部分を賄っている「化石燃料利用社会」だからである．天然ガスと石油は可採年数が数十年とは言っても，ここ当分は今のエネルギー構造が大きく変化するとも思われない．では，なぜ取り立てて水素利用社会を問題にするのだろうか．

天然ガスと石油の可採年数が数十年であるということは，数十年後には天然ガスと石油の値段は大きく上がることを意味している．日本での化石燃料の購入費用は，2015年現在，年間約25兆円の水準と言われている．これが大幅に上がることは，資源に乏しい日本にとって厳しい現実が待ち受けていることになる．さらに，化石燃料の大量使用は，地球温暖化等の環境への悪影響が深刻になることを意味する．再生可能エネルギーを急いで促進しなければならないが，エネルギー構造の転換には，政策の強力な後押しと10年単位の期間が必要である．

太陽光発電，風力発電は再生可能エネルギーの中核であるが，両方とも天候によって発電量が左右され，刻刻と変化する電力需給をマッチさせるのが困難となる問題を抱えている．再生可能エネルギーの比率が大きく，電力の輸出入のシステムができあがっているヨーロッパ等はともかく，再生可能エネルギーの比率を大きく増やしていかねばならない日本は，不安定な電力供給を安定化する必要がある．

太陽光発電，風力発電の電力を使って水の電気分解を行って水素を製造し，貯蔵すれば必要な所でエネルギーを使うことができる．大規模発電のためには固体酸化物形燃料電池（SOFC）を用いた複合発電用として，家庭用，病院，事務所等での小型電源の燃料として，燃料電池車の燃料として，貯蔵した水素が使える．

水素の製造元と需要者との間に水素の貯蔵，運搬のシステムを構築する必要性がある．有機ハイドライドを用いた貯蔵，運搬のシステムが最も有望に思える．有機ハイドライドは液体であるので，既存の石油インフラを使える．有機ハイドライドを用いた貯蔵，運搬のシステムは電力の送電線と同様，水素の製造元，輸入拠点と需要者を結ぶネットワークとしての役割を果たし，燃料電池（FC）を用いる発電所，工場，病院，事務所，家庭，水素ステーション等に供給することになる．

昼夜の電力の値段差が大きければ，水素燃料電池と水電解装置を兼ねた可逆型水素燃料電池を用いて発電と電力を用いた水素製造を1つの装置で行うことができ

る．夜間の電力を用いて水素を製造し，昼間の電力ピーク時に発電して電力を売ることで，電力ピークの需給ギャップを小さくすることができる．

　水素エネルギーは，送電線を建設するのが困難な過疎地や離島等にも利用が可能である．小型の燃料電池発電システムを設置し，水素を有機ハイドライドの形で運べば電力が得られる．酪農地帯，森林地帯では，畜産糞尿や森林廃材等のバイオマス資源が豊富で，これを発酵等の方法でメタンガスを発生させ，改質反応で水素を得て，有機ハイドライドの形で貯蔵して地域のエネルギーとして使える．

　陸上風力発電は適地が限られるのに対し，洋上風力発電はそれが少ない．洋上風力発電は送電コストの問題があるが，発電した電力を使い水の電気分解で得た水素を使うとメリットが出る．洋上風力発電で生じた水電解の水素を有機ハイドライドの形にすればタンカーで運べるし，輸入するのにも使える．

　水素利用のコストは，現状では他のエネルギーに比べてかなり高いが，それは水素利用のシステム，インフラ整備が十分にできていないからである．水素利用が盛んになれば大幅にコストダウンが進むものと思われる．水素利用社会の推進は，再生可能エネルギーの利用と環境の保全をもたらす社会の在り方を示している．

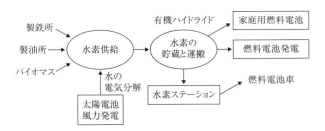

図37　水素利用社会のイメージ

まとめ　太陽光発電や風力発電の電力を使って水の電気分解を行い，水素を貯蔵する．水素の製造元と水素の需要者との間に有機ハイドライドを用いた貯蔵，運搬のシステムが有望である．その貯蔵，運搬のシステムは，電力の送電線のように水素の供給元と需要者を結ぶネットワークとして，FCの発電所，工場，病院，事務所，家庭，水素ステーション等に供給される．水素利用社会の推進は，再生可能エネルギーの利用と環境の保全をもたらす社会の方向性を示している．

第11章　環境とエネルギー

62話　環境問題とエネルギー問題の関係は？

　人類は農耕や牧畜を始めることで生産力が向上し，生活の便利さも進歩したが，森林の破壊も進行した．18世紀に始まった産業革命により石炭をエネルギー源とすることで工業化が進展し，人々の生活は豊かになったが，その反面，それによって大気汚染等の公害問題も起こっている．1952年12月のロンドンスモッグ事件では，石炭燃焼時の亜硫酸ガス(SO_2)が原因で1万人以上の人が死亡したと言われている．

　日本でも，石油の利用を中心とした工業化で経済大国と言われるまでになり，人々は物質的には豊かになっている．だが，脱硫設備等が不十分であったため，四日市喘息等の公害病が社会問題になった．他にも，いくつかの公害問題が発生したが，いずれも工業生産の過程での排気ガス，廃液等に含まれる有害成分が適切に処理されていないことが原因となっている．これらの公害問題は，発生が局所的であったため原因の特定も比較的容易であったが，工場の排ガスと自動車の排気ガスによる複合汚染が問題となり，汚染源が広範囲にわたったため対処も困難であった．

　図38に大気中の二酸化炭素濃度の経年推移を示す．19世紀までは増加が緩やかだったものが，1900年を過ぎると加速度的に増加していることがわかる．この増加

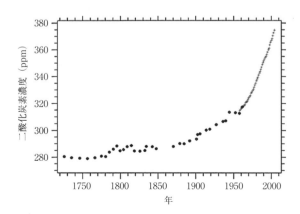

図38　二酸化炭素炭素濃度の経年推移［出典：http://tgr.geophys.tohoku.ac.jp/observation/co2, 2016.2.1 アクセス］

の傾向は，**図2**(p.5)の世界の1次エネルギー消費の推移と非常に似ている．このことは化石燃料の大量消費によって二酸化炭素が急増したことを示している．

化石燃料の燃焼時には二酸化炭素が発生するので当然だが，この他にも硫黄酸化物(SO_x)，窒素酸化物(NO_x)，粒子状浮遊物質も発生している．SO_x，NO_xはそれ自体も有害ガスだが，酸性雨の原因や粒子状浮遊物質をも生成する原因になるとされている．SO_x，NO_xは，脱硫装置や脱硝設備の導入，燃焼条件や触媒の工夫等で濃度を減らすことが可能になっている．

二酸化炭素だけは化石燃料を使えばその分だけ必ず発生するので，二酸化炭素の発生を抑制するためには，使用そのものを減らすしかない．二酸化炭素は大気中に拡散して地球の上空に存在し，地球のどこで発生したかの区別がつかない．二酸化炭素が地球温暖化をもたらすという説が有力なため，地球環境問題として取り上げられている．公害とは違い，地球環境問題は地球規模で対策を考えていかなければ解決できない．地球環境問題には，地球温暖化以外にオゾン層破壊，酸性雨，海洋汚染，砂漠化，熱帯林の減少，野生動物種の減少等がある．これらには化石燃料の使用がその直接の原因ではないものも含まれているが，エネルギーの使用が間接的に関わっていることもあると考えられる．その意味でも環境問題はエネルギー問題と直結している．

まとめ　産業革命が起こると工業化が進展して人々の生活は豊になったが，石炭の利用によって公害問題も起こった．日本でも石油の利用を中心とする工業化によって物質的には豊になったが，四日市喘息等の公害問題が発生した．都市では工場の排ガスと自動車の排気ガスによる複合汚染が広域的に発生した．20世紀後半からSO_xやNO_xによる酸性雨や二酸化炭素の増加等による地球環境問題が浮上し，化石燃料の大量使用の問題点が指摘され，代替エネルギーの開発の必要性が国際的に叫ばれるようになった．

63話　二酸化炭素が増えるとなぜ地球が温暖化するのか？

　地球温暖化は，人間の活動によって生成される二酸化炭素等の温室効果ガスが主因であるという説が主流である．これに懐疑的な人たちもおり，太陽活動等の自然要因が主因だという主張もあるが，一般に受け入れられてはいない．

　気候変動に関する政府間パネル（IPCC）第3次報告書によると，北半球の平均気温は1000～1900年はほぼ一定であったが，1900年から長期的に上昇傾向にあることは，「疑う余地がない」とされている．図39は世界の平均気温の平年差を示している．地球温暖化に，人為的な温室効果ガスの放出，中でも二酸化炭素，メタンの影響が大きいとされている．地球温暖化は海面上昇，降水量の変化，洪水，かんばつ，酷暑，ハリケーン等の激しい異常気象を増加，増強させ，生物種の大規模な絶滅を引き起こす可能性も指摘されている．

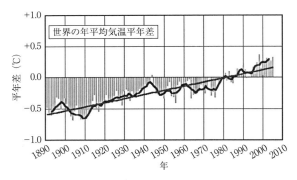

図39　世界の平均気温の平年差［出典：http://www.jma.go.jp/press/0512/14b/surface_temp2005.html, 2016.2.4 アクセス］

　過去40万年にわたる二酸化炭素濃度は南極の氷から調べることができる．降った雪には空気が氷の中に閉ざされるため，中の空気を分析することでその時代の空気組成がわかる．二酸化炭素の濃度はもちろん，炭素のアイソトープ（同位元素）の比から時代が推定でき，水素と酸素それぞれのアイソトープの比から温度を推定することができる．過去40万年間の二酸化炭素濃度の変化は，約10万年周期で増減を繰り返している．ところが，直近の1,000年間を見ると，1700年以降，急激に増加している．これは過去40万年には見られなかった異常な増加で，主として化石燃

料の使用による温室効果ガスの影響と考えられている.

太陽エネルギーは地球表面に吸収されるが,それは宇宙空間に放出される.もし地球の大気に温室効果がなければ,吸収されるエネルギーと放出されるエネルギーは等しく,地球の平均気温は,物理法則より約 $-19\,°C$ と計算されている.実際には,地球の平均気温は約 $15\,°C$ で,地球の大気に温室効果があるからと考えられる.

なぜ二酸化炭素は温室効果ガスとなるのであろうか.太陽エネルギーは,光(紫外線,可視光線,赤外線)として地球表面に到達する.そのうち半分程度は反射されるが,残りの半分は海陸両面に到達して吸収される.吸収された光は,地球上で乱反射を繰り返し,エネルギーが弱められて(長波長の光である赤外線になり)夜間に宇宙空間に放射される.それで入射と放射が同じなら温室効果はないはずである.

図 40 に夜間における赤外線領域の放射および大気による吸収強度を示す.図の破線は大気による吸収がない場合の 200 K と 300 K の放射強度を示している.図の実線で示すように,波長により吸収強度が相当に違うことがわかる.特に長波長領域($15\,\mu m$ 程度)の赤外線は二酸化炭素の存在により吸収されるので,その分のエネルギーは大気圏内にとどまることになり,温室効果を持つことになる.

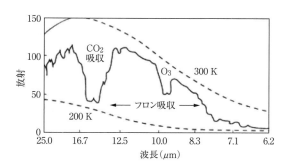

図 40 地表からの夜間の熱放射赤外線のガスによる吸収

まとめ 気候変動に関する政府間パネル(IPCC)報告書によると,北半球の平均気温は以前はほぼ一定だったが,1900 年からは長期的な上昇傾向にあると評価されている.その原因として人間の活動によって生成される二酸化炭素等の温室効果ガスが主因であるという説が主流となっている.二酸化炭素は一部の赤外線領域の光を吸収し,地球から宇宙空間に向かう赤外線の放射を抑制するので,温室効果を持つ.

64話　大気中に浮遊する粒子状物質とは？

　粒子状物質は，大気汚染物質で μm の大きさの固体や液体の微粒子のことを言う．粒の大きさを直接測定することは困難で，ある粒径分布を持った粒子群が 50 %の捕集効率で分粒装置を透過する微粒子として定義されている．例えば，PM2.5 は，粒子径 2.5 μm で，50 %の捕集効率を持つフィルタを通して採集された粒子径 2.5 μm 以下の微粒子の集合である．

　微粒子として直接大気中に放出されるものを一次生成粒子と言い，粗大粒子が多く，滞空時間は数分から数時間で，数 km～数十 km を移動する．成分は，煤煙，粉塵，土壌粒子，海塩粒子，タイヤ摩耗粉塵，花粉，カビ胞子等からなる．

　気体として放出されたものが大気中で微粒子として生成されるものを二次生成粒子と言い，微小粒子が多く，滞空時間は数日から数週間で，数百 km～数千 km を移動する．成分は，硫酸塩，硝酸塩，アンモニウム塩，有機化合物，金属や水を含んだもの等からなる．二次生成粒子は，化学反応，核生成，凝縮，凝固，水滴への溶解，析出等により生成される．発生源は，石炭，石油，木材の燃焼，原材料の熱処理，製鉄等の金属製錬，ディーゼルエンジンの排ガス等である．**図 41** に浮遊粒子状物質の発生と人体への影響を示す．

　粒子状物質による健康被害は，人間が呼吸を通して微粒子を吸い込んだ時，鼻，喉，気管，肺等の呼吸器に沈着することで起こる．粒子径が小さいほど肺の奥まで達して沈着する可能性が高く，沈着部位では，粒子径によって複雑な変化をする．世界保健機関（WHO）は，公衆衛生の進展度が異なる各国が環境基準を定める際のガイドラインとして，粒子状物質を含む大気質指針を定めている．それによると，PM10 は 24 時間平均 50 $\mu g/m^3$，年平均 20 $\mu g/m^3$，PM2.5 は 24 時間平均 25 $\mu g/$

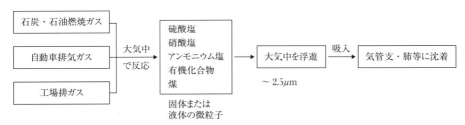

図 41　浮遊粒子状物質の発生と人体への影響

m³,年平均 10 μg/m³ である.この大気質指針に沿うことが理想だが,これよりも数倍緩い暫定目標を示し,各国の状況に応じた独自の基準の設定を認めている.

日本では,1972 年に浮遊粒子状物質(SPM)の基準を初めて設定した.現状では,SPM が 1 日平均値 100 μg/m³ 以下,かつ 1 時間値 200 μg/m³ 以下,PM2.5 が 1 年平均値 15 μg/m³ 以下,かつ 1 日平均値 35 μg/m³ 以下となっている.基準を上回る状態が継続すると予想される時は,大気汚染注意報を発表して排出規制や市民への呼びかけを行うことが規定されている.また,自動車 NOx・PM 法でも,三大都市圏の中心地域において一部の自動車に排ガス規制措置が執られている.高度成長期以降,著しいモータリゼーション(特にトラック輸送)に規制が追いつかず,バブル期までは悪化の一途をたどってきた.2003 年 10 月から,首都圏でディーゼル車規制条例により排出ガス基準を満たさないディーゼル車の走行規制が始まり,自動車 NOx・PM 法対象地域では SPM の環境基準達成率が大きく改善した.

中国の粒子状物質濃度は,北京等の華北にある都市を中心に,暖房用燃料の使用が増える冬季に大気汚染が悪化する傾向がある.2013 年 1 月の激しい汚染は 3 週間も継続し,呼吸器疾患患者が増加したほか,工場の操業停止,道路・空港の閉鎖等の影響が生じた.1 月 12 日には北京市内の多くの地点で環境基準(日平均値 75 μg/m³)の 10 倍に近い 700 μg/m³ を超え,月間でも環境基準を達成したのは 4 日間だけであった.PM10 や PM2.5 の濃度上昇の原因は,石炭の燃焼による排気,自動車排気,煤煙等によると分析されている.

先進国の一部地域が WHO の指針値に近いレベルまで削減している一方,開発途上国では,家庭での薪の使用,都市部での自動車使用が増大し,汚染が深刻化する傾向にある.1990〜1995 年の時点で,開発途上国の年平均濃度は先進国の 3.5 倍である.WHO は,PM10 の濃度を 70 μg/m³ から 30 μg/m³ に減らせば,世界の大気汚染に関連する年間の死亡者 330 万人を 15 % 減らせるとしている.

まとめ 粒子状物質は,μm の大きさの固体や液体の微粒子で,大気汚染物質である.粒子状物質は人の呼吸器系に沈着して健康被害を及ぼす.粒子の大きさが小さいほど健康被害が大きいとされる.発生源は,石炭,石油,木材の燃焼ガス,自動車等のディーゼルエンジンの排ガスが主である.日本では首都圏等で一時大気汚染が悪化したが,ディーゼル車規制により改善された.中国では 2013 年に華北を中心として激しい汚染があり,工場の操業停止,道路,空港の閉鎖等が起こった.

65話　火力発電の環境への影響は？

　火力発電の種類には，汽力発電，内燃発電，ガスタービン発電，コンバインドサイクル発電がある．
① 　汽力発電は，ボイラ等でLNG，石油，石炭等を燃焼し，発生した蒸気により蒸気タービンを回して発電する方式で，火力発電の主力となっている方式である．
② 　内燃発電は，ディーゼルエンジン等の内燃機関で発電する方式で，始動性が良く，非常用電源，携行用電源，電源車，離島の小規模発電等として用いられる．
③ 　ガスタービン発電は，高温の燃焼ガスを発生させ，そのエネルギーによってガスタービンを回す方式である．
④ 　コンバインドサイクル発電は，ガスタービンと蒸気タービンを組み合わせ，エネルギーを効率良く利用する発電方式である．発電効率も良く，環境面からも注目されて積極的に取り組まれている方式である．

　火力発電は，水蒸気を冷却して水に戻す復水器と呼ばれる装置の大量の冷却水として海水を利用することが多く，海岸近くに立地されることが多い．

　LNGは，気体の天然ガスを−162℃に冷却，凝縮し，容積を約600分の1にしたものである．ヨーロッパは地続きであるため，ロシアからパイプラインでガス輸送することができるが，日本は四方が海で囲まれているため，液化した天然ガスLNGを船で運ぶ必要がある．

　LNGを発電用の燃料として使う時の反応式は，

$$CH_4 + O_2 \rightarrow CO_2 + 2H_2O \tag{15}$$

と表せる．メタン1分子当たり二酸化炭素1分子，水蒸気2分子生成することになる．水蒸気は環境に対して悪影響を与えないが，二酸化炭素は温室効果ガスとして排出の削減が求められている．火力発電の燃料の石炭，石油，LNGは，同じ炭化水素が主成分である．燃焼時の二酸化炭素排出量は，燃料中の水素と炭素の比で決まるが，LNGは最もその比が大きく，化石燃料としては環境に優しい燃料である．

　さらに，燃焼時に発生する硫黄酸化物（SOx），窒素酸化物（NOx）は有害で，問題がある．LNGは原料に硫黄や窒素を含んでいるが，液化する過程で取り除かれる．ただ，メタンそのものは二酸化炭素よりも温室効果が大きく，環境に出ないように注意しなければならない．

　石炭は化石燃料の中で最も採掘可能な埋蔵量が多く，安価である．また，石油や

天然ガスに比べると資源の偏在性も少なく，産炭国は世界中に多数存在する．だが，石炭は炭素含有量が相対的に多く，燃焼時の二酸化炭素排出量は他燃料に比べ多く，排ガスにはSOx，NOx，煤塵等の環境負荷物質を多く含む欠点がある．日本では，石炭火力発電所の公害防止に長く取り組んできた経緯もあり，環境負荷物質の排出量は世界でも最も低いレベルになっている．

石油は，貯蔵，運搬がLNG，石炭と比べて容易である．また，調達の柔軟性にも優れている．一方，価格は石炭，LNGと比べかなり割高になってきており，石油火力発電はかなり減ってきている．環境への負荷の点では石炭に勝るが，LNGに比べると劣る．

化石燃料の燃焼時の二酸化炭素発生量は，1kWhの発電に対して，石炭975g，石油742g，LNG 608gというデータがある．地球環境の視点からは石炭を使いたくないが，そうも言っていられない事情がある．

資源的には，石油の採掘可能年数45年，LNG 55年，石炭110年と言われており，石炭火力発電が最もコストが安い．2012年時点で，エネルギー消費の世界1位の中国では75％以上，2位のアメリカが37％以上を石炭火力発電に頼っている．

発電1kWh当たりの効率は，世界のトップは日本で42％程度，アメリカが37％程度，中国は32％程度である．また，発電1kWh当たりの二酸化炭素排出量は，日本を100と仮定すると，アメリカ133，中国205と多くなる．火力発電の効率が高いということは，それだけ二酸化炭素，有害ガスの排出を抑えることができるということである．環境保全の立場からは，なるべくLNGを発電用燃料として使うべきである．そして，エネルギー事情から石炭を燃料として使うにしても，環境に優しい使い方をするように日本が貢献すべきであると思われる．

> **まとめ** 石炭，石油，LNGを火力発電の燃料として使った場合，二酸化炭素の発生量は，石炭が最も多く，次いで石油，LNGの順である．石炭は，SOx，NOx，ばいじん等の発生も多く，地球環境の視点からは石炭を使うべきではない．しかし，石炭は採掘可能量が最も多く，コストも安く，世界で多く使われている．環境保全の立場からは，なるべくLNGを発電用の燃料として使うべきだが，石炭利用の際の環境保全対策も重要である．

66話　自動車排気ガスの環境への影響は？

　ガソリン車は炭化水素を燃料としており，排出ガスの大部分は二酸化炭素と水蒸気だが，微量成分として一酸化炭素(CO)，炭化水素(HC)，窒素酸化物(NO_x)，粒子状物質(PM)等を含む．

　一酸化炭素は，ガソリンが酸化される際，酸素供給が不十分な不完全燃焼で発生し，人体に毒性がある．炭化水素は，ガソリンの揮発や，燃焼不完全で燃焼できなかった混合気がそのまま排出されると発生する．太陽光の紫外線によって光化学スモッグを引き起こす光化学オキシダントへと変化する．呼吸器等の粘膜への刺激，農作物への悪影響が見られる．窒素酸化物は，高温，高圧状態になる燃焼室で窒素が酸化しやすくなり発生する．粒子状物質はμm単位の粒子で，大気中に浮遊している粒径10μm以下のものは浮遊粒子状物質(SPM)，特に粒径の小さい2.5μm以下のものは微小粒子状物質(PM2.5)と呼ばれる．硫黄酸化物(SO_x)は，二酸化硫黄(SO_2)と三酸化硫黄(SO_3)を指す．十分に精製されていないと，燃料に硫黄が含まれており，燃焼時に発生することになる．大気汚染や酸性雨の原因の一つである．

　CO，HC，NO_xの発生を抑えるのに，単一の方法ではすべてが低レベルに収まらない．ガソリンエンジンの場合，すべての排出量を抑えるには，3つが比較的低いレベルに収まる空燃比（およそ14.7）で燃焼させ，触媒マフラを通し，白金，パラジウム，ロジウムの3元触媒を使って600～800℃の温度で処理されている．

　軽油を用いるディーゼルエンジンの場合，希薄燃焼が可能で，熱効率が高いのが最大の利点である．1990年代後半の日本において，大気汚染，とりわけ都市部での黒煙や粒子状浮遊物質の主因がディーゼル車にあるとされ，規制が強化された．その後，ヨーロッパを中心に低公害，低燃費のディーゼル車が開発されて普及したことから，日本でも新しいディーゼル車を見直す動きがある．新しいディーゼル車はコモンレール方式と呼ばれる低燃費かつ低公害の燃焼方式を採用し，DPFと呼ばれるフィルタで粒子状物質を吸着して取り除き，さらにロジウム等の貴金属触媒を使って，NO_xを尿素と反応させて還元する．軽油中の硫黄含有量が多いとSO_xが発生し，粒子状浮遊物質の原因ともなることから硫黄分は10 ppm以下に厳しく規制されている．

　自動車排気ガスの環境への影響を懸念して最も先進した規制を行ったのはアメリカのカリフォルニア州であった．アメリカは電車等の公共交通手段より自動車が

人々の必須の生活手段となっている．カリフォルニア州，特にロサンゼルス付近は高速道路網が網の目のように張り巡らされている．加えて，盆地が多い大気の滞留が起こりやすい地形で，特に大気汚染が深刻であった．カリフォルニア州大気資源局(CARB)が1967年に創立されて以降，非常に先進的な規制が実施されてきた．自動車メーカーは，カリフォルニア州で販売する車種には新型の排ガス対策機器の搭載，触媒の連装化，エンジン自体の特殊な改修を盛り込んだカリフォルニア州仕様を設定しなければならないほどであった．ことに1990年代にZEV(Zero Emission Vehicle)を一定割合以上生産しないと，カリフォルニア州での自動車販売を禁止するという厳しい規制を打ち出してからは，アメリカの自動車メーカーはもちろん，世界の有力自動車メーカーが競って低公害車の開発に乗り出した．

そうした流れの中で，アメリカや日本を中心に20世紀末頃からハイブリッド車の導入が進んだ．ハイブリッド車は，発進時に大きな力を出せるモータを使い，速度が出てきたらエンジンを使う．ハイブリッド車はエンジンとモータの長所を生かして使い分け，燃費を改善して二酸化炭素の排出量を減らし，有害物質をあまり出さない車とされている．電気自動車や燃料電池自動車等のZEVが車としての性能がまだ十分とは言えない間にハイブリッド車が先行した形になっている．ハイブリッド車との競争の中で，ヨーロッパを中心にディーゼル車の低公害化が進んだ．ところが2015年にフォルクスワーゲン(VW)車の排ガス不正問題が発生した．これはディーゼル車が低燃費と排ガス基準の同時達成が困難であることを示している．今後，有害排ガスを出さないとされる電気自動車や燃料電池自動車がどのように普及していくかが注目される．

まとめ　ガソリン車は，排出ガスに一酸化炭素，炭化水素，窒素酸化物，粒子状物質等を含み，有害となる．軽油を燃料として用いるディーゼルエンジンに関して，1990年代後半の日本で黒煙や粒子状浮遊物質の主因がディーゼル車にあるとされて規制が強化された．その後，ヨーロッパを中心に低公害，低燃費のディーゼル車が開発され，見直す動きがある．自動車排気ガスの先進的な規制をアメリカのカリフォルニア州が行い，それが世界の低公害車開発の大きな流れとなった．

第12章　省エネルギー

第12章　省エネルギー

67話　日本におけるエネルギー消費の構造は？

　日本におけるエネルギー消費の構造は，2011年の福島原発の事故によって様変わりした．

　電力構成は，事故前，石炭27.4 %，石油8.7 %，天然ガス26.0 %，原子力25.9 %，水力7.4 %，水力以外の自然エネルギー4.5 %だったのが，事故後，石炭33.2 %，石油15.7 %，天然ガス37.2 %，原子力0.9 %，水力7.5 %，水力以外の自然エネルギー7.5 %と，化石燃料の使用が大幅に増えた．

　エネルギー構成は，2010年度，石炭22.5 %，石油40.1 %，天然ガス19.2 %，原子力11.3 %，水力3.2 %，水力以外の自然エネルギー3.7 %だったのが，2013年度，石炭25.0 %，石油42.9 %，天然ガス24.2 %，原子力0.4 %，水力3.2 %，水力以外の自然エネルギー4.2 %となっている．

　化石燃料の中でもエネルギー当たりの二酸化炭素の排出量が少ない天然ガスの比率が増えているが，化石燃料の割合が増えたため全体の二酸化炭素の排出量が増えている．水力以外の自然エネルギーが4.2 %と掛け声の割にはまだ10 %に満たないのは，エネルギー開発には時間がかかることを示している．

　また，2010年度の化石燃料の購入費は約18兆円だったが，2013年度は約28兆円と大幅に増えている．これは原油価格がリーマンショックによる急落からの回復傾向にあったことに加え，急に化石燃料を大量に必要としたため，単価が上がったという要因もある．

　世界の二酸化炭素の国別排出量は，中国25.7 %，アメリカ17.1 %，EU 10.0 %，日本3.7 %，その他OECD 7.8 %，旧ソ連東欧10.5 %となっている．人口当たりの二酸化炭素排出量は，2010年，アメリカ17.7 t，オーストラリア17.3 t，カナダ14.8 t，ロシア12.3 t，ドイツと日本9.5 t，イギリス8.6 t，東欧を除くEU 8.t，イタリア7.0 t，中国とフランス6.2 t，OPEC 5.2 t，世界平均4.7 tとなっている．人口当たりの二酸化炭素排出量は，人々の生活の豊かさの尺度と見ることができる．しかし，アメリカの1位は肯けるが，続くオーストラリア，カナダ，ロシアはエネルギー資源国の特殊性があるものと考えられる．日本とEUの国々がその後に来ているが，エネルギー資源がほとんどない日本が相対的にエネルギー資源を多く使っている現状となっている．

　図42に日本の部門別二酸化炭素排出量の推移を示す．これは，火力発電所の排

出を電気使用量に応じて各部門に分配した場合を示している．産業部門の二酸化炭素排出量は1990年に比べて減少傾向が，1970年代の石油危機以来，日本の製造業で省エネの努力が続けられ，最も省エネの進んだ技術を多く作り出した．図はその傾向が継続していることを示している．2007～2009年に急低下しているが，これはリーマンショックによる景気後退の影響を示している．2011年以降，産業部門，業務その他部門，家庭部門で増加しているが，これは各部門の省エネ努力が不足したというよりは，火力発電所で化石燃料を多く使うようになった影響を示している．最近の省エネ技術の進歩は目覚しいものがあるにもかかわらず，全体として省エネがそれほど進んでいないように見えるのは，各部門での今後の課題を示していると思われる．

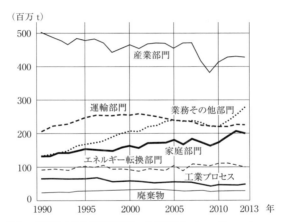

図42 日本の部門別二酸化炭素排出量の推移［出典：http://www.jccca.org/chart/chart04_05.html, 2016.1.31 アクセス］

まとめ 日本におけるエネルギー消費の構造は，2011年の福島第一原発の事故によって様変わりし，原子力の割合が大きく減り，化石燃料が大幅に増えた．産業部門の省エネが1970年代の石油危機以来続いているが，景気変動や化石燃料の動向の影響が大きい．近年，省エネ技術の進歩には目覚しいものがあるが，それが産業その他部門や家庭部門等にあまり反映していないように見えるのは今後の課題を示している．再生可能エネルギーが4.2%とまだ少ないのは，エネルギー開発には時間がかかることを示している．

68話　発電部門での省エネは？

　日本における発電所の二酸化炭素の直接の排出量は，2013年度，全体の39.1％となっている．このうち火力発電所の排出量を電気の消費量に応じて消費者に配分すると，発電所だけでの排出量は6.8％になる．

　発電所では，投入したエネルギーの40％程度しか電力になっておらず，60％は熱として捨てられている．原子力発電所は，2011年後半以降ほとんど動いておらず，それによる省エネは，今後どこまで再稼働するか　そしてその稼働率にかかっている．火力発電部門での省エネのための一番の目標は，発電効率を上げることである．日本の火力発電所における石油燃料の比率が近年かなり小さくなり，省エネの成果は，石炭およびLNG発電所にかかっている．

　火力発電所の効率はカルノーの原理に支配され，高温であるほど効率が良くなる．日本の石炭火力発電所は高温化が進み，それに伴い蒸気圧力も上がった．1940年代は蒸気温度450℃，蒸気圧力4 MPa程度であったが，1980年代には蒸気温度566℃，蒸気圧力24.5 MPa，2002年には電源開発(Jパワー)磯子火力発電所で蒸気温度610℃，蒸気圧力25 MPaで効率42％を達成している．これは世界でも最高レベルの効率である．今後，700℃で効率46％，800℃で効率49％を目指した開発が進められている．温度を上げると，タービンの羽の強度が持たない．そのため，ニッケル-鉄合金を中心とした材料開発が進められてきている．耐熱合金の開発は，火力発電所の省エネのカギを握っている．

　石炭ガス化発電では，効率48％を目指した開発が進んでいるし，石炭ガス化発電とSOFC燃料電池とを組み合わせた石炭ガス化複合発電(IGCC)では，総合発電効率60％を目指した開発が進んでいる．石炭は，燃料の中ではエネルギー当たりの二酸化炭素排出量が最も多いが，採掘可能年数が最も長く，価格が安いため，世界では石炭火力発電所はむしろ増加している．石炭火力を増やすのであれば，高効率な方法に限るべきである．

　LNG火力発電では，1980年代から省エネ技術の進展があった．従来，蒸気タービンだけの発電で，効率は40％以下であった．その後，第一段階でガスタービンを回し，その廃熱を利用して蒸気タービンを回す2段階発電が開発された．省エネの実施例として，東京電力川崎1号150万kWの旧型LNG火力発電所のコンバインド化により，発電効率38％から53％へ，廃熱利用も一部実施された．これにより

燃料消費および二酸化炭素排出量が約25％削減され，年間エネルギー費の削減は約360億円と推定されている．関西電力姫路第二292万kWでは，旧型LNG火力発電所のコンバインド化により発電効率38％から54％になり，燃料消費および二酸化炭素排出量が約30％削減された．年間エネルギー費の削減は約720億円と推定されている．

　LNG火力発電は，タービンの入口温度が高いほど高い効率が得られている．上に挙げた例では1,500℃級のガスタービンである．日本で実証プラント運転が行われている1,600℃級の超高温ガスタービンを含む複合発電の例では，約60％の総合熱効率が実現している．さらなる高温化には耐熱材料の開発が不可欠である．ニッケル超合金は鉄およびコバルトの超合金に比べて明らかに優れてはいるが，1,000℃では強度が著しく低下する．ニッケル超合金以外の金属間化合物，高融点金属の合金，セラミックス，さらにはそれらをマトリックスとする各種の複合材料の開発が必要である．

　政府は，2015年7月，2030年度の温室効果ガスを2013年度比26％削減する目標を策定した．そこでの発電部門の目標は，政府が決めた電源構成に沿って1kWh当たりの二酸化炭素排出量を2013年度の0.57gから0.37gに減らすとしている．新設の火力発電所に最新技術を導入し，最大年1,100万tの二酸化炭素排出量の削減を見込んでいる．政府の発表では再生可能エネルギーの情報はまだないが，これがどこまで普及するかは，政府の後押しがどの程度あるかも大きな要素で，今後の成り行きを注視したいと思う．

まとめ　　発電部門での二酸化炭素排出量は，原発の再稼働数と稼働率によって大きな影響がある．石炭火力では蒸気温度の高温化が進み，2002年に610℃と効率42％を達成した．さらに，石炭ガス化複合発電では総合発電効率60％を目指した開発が進んでいる．LNG火力発電では旧型LNG火力発電所の蒸気タービンでの効率38％程度からガスタービンと蒸気タービンとの複合化によって発電効率が54％と改善している．さらなる効率の改善にはタービン材料の耐熱性の改善が必要である．

69話　産業部門での省エネは？

　産業部門での二酸化炭素排出量は，**図42**にあるように一番寄与が大きく，全体の33.1％になる．その内訳は，鉄鋼38％，化学工業15％，紙パルプ7％，セメント7％，その他製造業25％，非製造業8％となっている．

　国内の鉄鋼業から排出される二酸化炭素の量は　2011年実績で1億8,000万tを超え，産業界の中でも大きな割合を占めている．石炭からコークスを作るプロセス，高炉において鉄鉱石とコークスを用いて鉄を製造するプロセスで大量のエネルギーを使い，二酸化炭素の排出量が多くなる．

　高炉の排ガスを利用した高炉炉頂発電が行われている．高炉ガスは，出口の温度が約200℃，圧力が約0.22 MPaある．高炉ガスのダストを集塵装置で除いた後，そのガスをタービンに導き，回して発電する．銑鉄生産量が年間100万tとすると，高炉ガス発生量は1時間当たり約21万m^3となり，約7,000 kWの電力が得られる．また，コークス炉では，従来，赤熱した約1,050℃のコークスを水で冷却していたが，冷却方法を窒素ガスの吹付けに変えることで約800℃の窒素ガスが得られ，コークスは200℃程度に冷却される．この高温の窒素ガスで蒸気タービン用の水蒸気を発生させて発電する．

　鉄鉱石とコークスを高炉に入れ，2,000℃以上に加熱すると，鉄鉱石中の酸素とコークスが反応して大量の二酸化炭素が発生する．この発生量を減らすため，プラスチックの廃材を高炉に投入する方法，コークスの一部を製鉄所内で得られる水素ガスに置き換える方法が取られている．プラスチックの廃材を利用すれば，プラスチックのリサイクルにも寄与する．水素ガスをもっと大量に利用できれば二酸化炭素の排出量は少なくなるが，外から買ってくるのではコスト高になる．

　高炉法のエネルギー効率の国際比較では，日本100に対して韓国107，欧米117～127，中国129等となっており，日本が世界のトップを占めている．

　くず鉄を利用した電炉法による製鉄の場合，鉄鉱石を還元する必要がなく，二酸化炭素の排出量を30％程度に減らすことができるが，銅等の不純物を減らす技術が必要で，高品質な用途にはあまり使われていない．

　石油化学工業では，エネルギー効率は世界でトップを占めているが，改善し尽くされているようで最近の進歩は少ない．ソーダ工業では，食塩電解の際，従来は隔膜として石綿繊維および石綿布を用いていたが，Naイオンのみを通す陽イオン交

換膜を用いることにより電力がかなり節約できている．

　ガラス製造における省エネの例に高温プラズマを用いる方法がある．従来の製造法では，1,600℃の溶解炉で原料を2〜5日間溶かし込んでいた．高温プラズマ法では，原料粉末を造粒して10,000℃のプラズマの燃焼炎の中に投入すると，空中で融けてガラス化が進行し，溶融面に到着する時点でほぼ均一なガラス液滴が得られる．今後の実用化が期待されている．

　機械工業や電気工業の工場等の設備における冷凍機，空調設備の技術革新には著しいものがある．空調設備は，ヒートポンプの採用によって効率が向上した．例えば，半導体工場等のクリーンルーム，機械部品の恒温室等で20年程度前の設備を更新することによりエネルギー消費を60%程度削減したケースも珍しくない．また，送風機，ポンプ，モータ等の古い設備には，生産量が多くても少なくても常にフル出力でエネルギーを浪費しているものがある．これらの設備をインバータ化により需要に応じて出力が変えられるようにすれば，20〜30%は省エネになる．

　2015年7月に発表した政府の温室効果ガス削減目標では，産業部門は6.5%，家庭部門と業務部門は40%となっている．家庭部門等に比べて産業部門の目標が甘いように見える．これは，産業部門では1970年代〜1990年頃までに省エネがかなり進み，近年の省エネが困難になってきたことを反映しているように思える．

まとめ　産業部門での二酸化炭素排出量は一番寄与が大きく，中でも鉄鋼業，化学工業の寄与が大きい．石炭からコークスを作るプロセスと高炉において鉄鉱石とコークスを用いて鉄を製造する際に大量のエネルギーを使う．高炉の排ガスを利用した高炉炉頂発電，コークス炉での廃熱を利用した発電で省エネをしている．ソーダ工業では食塩電解に陽イオン交換膜を用いることで省エネができている．産業部門では1970年代〜1990年頃までに省エネが進み，国際的にもトップの業界が多いが，近年は省エネが停滞している感がある．

70話　運輸部門での省エネは？

　運輸部門は，自動車，鉄道，船舶，航空機からなるが，そのうち自動車の二酸化炭素排出量が90％を占めている．

　乗用車の間でも，同じ車両重量でも，燃費には差がある．燃費基準は，車両重量ごとに規制されている．車両重量が2倍になれば，燃費が60％程度になる場合が多いようである．同じ車両重量でも，使われている技術によって燃費が大きく違っている．国土交通省は，メーカー，車種ごとに燃費を公表している．ハイブリッド車の燃費が高いのは当然として，ハイブリッド車でなくても2015年の時点で2020年の燃費規制値を達成している車もある．ガソリン車の車種によっても，同じ車両重量で燃費が20〜40％も違う場合がある．もし車を買い換える時，車両重量が小さく，なおかつ燃費の良い車種を選ぶとしたら，それだけでも省エネを実行したことになる．

　経済産業省は，次世代自動車戦略として2030年における乗用車車種別の普及目標を発表している．それによると，ハイブリッド車が30〜40％，電気自動車とプラグインハイブリッド車で20〜30％，燃料電池車が〜3％，クリーンディーゼル車が5〜10％となっている．このうちクリーンディーゼル車は，排気ガス中の有害成分が少なく，かつ燃費の良い点が評価されて次世代自動車の中に含まれている．軽油を燃料として用いるディーゼル車では，希薄燃焼が可能で，燃費が良いのが最大の利点である．1990年代後半，ディーゼル車が都市部での黒煙や粒子状浮遊物質の主因とされて規制が強化されたが，ヨーロッパを中心に低公害，低燃費のディーゼル車が開発され，日本でも新しいディーゼル車を導入する動きがある．

　ハイブリッド車は，エンジンとモータを動力源として備え，発進時には大きな力を出せるモータを使い，速度が出てきたらエンジンを使う．ハイブリッド車は，燃費を改善して有害物質をほとんど出さず，充電の必要がない車として普及している．現在，小型車から大型車まで選ぶことができ，ガソリン車に比べて省エネになる．プラグインハイブリッド車を選べば，一定距離まではガソリンを使わずに走る電気自動車として使うことができ，より省エネになる．

　電気自動車(EV)は，電池容量を大きくし，ガソリンエンジンを使わずに電池の電力のみでモータを回して走る車である．EVの特長は，ガソリンエンジンに比べエネルギー効率が数倍高いこと，ガソリンエンジン特有のアイドリングがないため車

両一時停止時も無駄なエネルギー消費がないこと，電動モータは駆動力と制動力の双方を生み出すため電子制御で制動力のエネルギーを利用できること，走行時の二酸化炭素や窒素酸化物の排出がないことである．EV の欠点は，走行距離が限られること，充電インフラの整備が必要なこと等である．EV を選べば省エネを実行することになるが，当面は近距離での利用に限定される．

　燃料電池自動車(FCV)は，水素を燃料として燃料電池で発電して電動モータを駆動する EV である．FCV の長所は，エネルギー効率がガソリン車の 3 倍程度あること，走行時に二酸化炭素や窒素酸化物を出さないこと，航続距離が電池式 EV より長いこと等である．FCV は，燃料電池を最も効率の高い出力条件で運転するため，そしてブレーキの回生のため，二次電池を補助的に使っている．FCV の欠点は，高圧水素ボンベが必要なこと，水素供給インフラが必要なこと，価格がまだ高いこと等である．トヨタは MIRAI を 2015 年に約 700 台日米で販売するとしている．車両重量は 1,850 〜 2,070 kg，固体高分子形燃料電池と 70 MPa の高圧水素ボンベを積み，水素充填は 3 分で 650 km 走行できるそうである．

　鉄道は自動車と比べて走行抵抗が小さく，1 人を運ぶのに必要なエネルギーは乗用車の 1/10 以下である．エネルギー消費原単位の比較では，鉄道が 209 kJ/ 人・km に対して，自動車が 2,484 kJ/ 人・km というデータがある．可能であれば，自動車ではなく電車を使った方がずっと省エネということになる．直流電気鉄道では，変電所で 3 相交流を直流にして電車に供給してきたが，最近は 3 相誘導モータを使う可変電圧可変周波数のインバータ制御を採用することにより電圧と周波数を最適化して省エネが可能となっている．さらに，この方式ではブレーキをかけた時のエネルギーの回生も行っている．

　まとめ　運輸部門は自動車，鉄道，船舶，航空機からなるが，そのうち自動車が二酸化炭素排出量の 90 %を占めている．ガソリン車でも車種によって燃費が大きく違う．軽油を燃料として用いるディーゼル車は希薄燃焼が可能なので燃費が良く，欠点とされた排ガスの問題も改善している．ハイブリッド車は燃費を改善して有害物質をほとんど出さない車として普及している．電気自動車と燃料電池自動車はより省エネの車だが，それぞれ一長一短があり，広範囲な普及にはまだ時間がかかる．

71話　業務部門での省エネは？

　業務部門は，オフィスや各種サービス業でのエネルギー消費で，民生部門とも呼ばれる．スーパー等の商業施設，宿泊施設，病院，データセンター，通信施設，冷凍倉庫等を含む．業務部門は，主に冷暖房，給湯，厨房，照明にエネルギーを消費している．

　近年，ヒートポンプ方式の採用等により冷暖房設備の省エネ化が進んでいる．旧式のエアコンを我慢して長く使い続けるよりは，投資をして設備更新をする方が結果として経済的だというケースも多いようである．特に，冷凍倉庫，クリーンルーム，恒温室等を1年中使用する場合，エネルギーの削減率が大きく，30〜70％になる．

　夜間電力でヒートポンプを作動させて氷を生成し，氷蓄熱槽から取り出した冷熱を空調に利用するシステムが実用化されている．具体的には，氷タンクの中にパイプを張り巡らし，-5℃程度の不凍液を冷媒として循環させて氷を製造し，氷を冷熱源として空調に利用する．オフィスの冷房だけでなく，地下鉄の駅の冷房にも利用されている．従来の空調機より二酸化炭素の排出を24％削減し，電気代を40％削減できるとのことである．

　大都市における地下変電所の排熱，清掃工場，地下鉄，工場等の排熱や河川水熱，下水処理水等の熱エネルギーは，これまで大気中に放散されていたが，地域冷暖房システムは，河川水を夏季には水熱源ヒートポンプの冷却水として，冬季には熱源水として利用している．東京都の箱崎地区では，隅田川を利用した熱供給システムが稼働していて，外気利用システムと比べて省エネ効果が約15％向上しているし，東京スカイツリーでは，建設時に地中に挿入した熱交換チューブによる地中熱利用のヒートポンプが稼働している．

　照明機器の更新では，白熱灯を蛍光灯やLED照明に変更すると，電力消費は10％以下になる．また，旧型蛍光灯やHF型蛍光灯を最新のLED照明に変更すると，電力消費は半分程度になる．LED照明の利点は，スイッチの小型化や人感センサによる無駄の排除，明るさの無理のない低下も可能な点である．

　需要が変化しても，出力調整がしにくい旧型の設備がある．送風機，ポンプ，モータ等の古い設備にインバータ化により需要に応じて出力が変えられる設備にすれば，20〜30％は省エネになる．また，出力調整しにくい大型設備を小型設備数台

にすることで，需要の少ない時は一部を止めれば省エネになる．

　業務ビルの中でも，エネルギー消費の大きいクリーンルームやコンピュータルームでは，温度および湿度管理の仕方によってエネルギーの無駄な消費を抑えることができる．部屋にある機器に支障がない範囲で温度，湿度の管理幅を緩くすれば，省エネにつながる．高度なビルエネルギー管理システム（BEMS）で自動制御，当該時間の電力等の消費情報を集めて監視盤室で制御したり，各部屋に指示を出したりすることが行われている．監視盤室では，消費電力の 30 分平均が契約電力を超えていないかを監視し，超えそうな場合は機器を停止するなど，消費状態の「見える化」と制御を行っている．

　暖房需要の大きい業務施設では，建物の断熱改修も選択肢の一つである．1980 年断熱基準以前の建物を 1999 年断熱基準にすると，約 40 % の省エネ効果がある．窓には 1 重ガラスとアルミサッシのペアが普及しているが，複層ガラス，3 層ガラス，木製枠やアルミと樹脂の複合枠等の断熱性能の高いものにすれば効果がある．

　2015 年 7 月に発表した政府の温室効果ガス削減目標では，産業部門で 6.5 %，家庭部門と業務部門は 40 % となっている．業務部門の 40 % というのは産業部門の目標に比べて厳しいように見えるが，産業部門では 1970 年代以降に省エネを厳しく実行したのに比べ，業務部門ではむしろ増えてきたことが背景にあるように思える．そのうえ，業務部門でエネルギー消費の大きい空調や冷凍等の分野において，ヒートポンプ等の技術革新が著しいことが挙げられる．ただ，省エネの成果を上げるには設備更新等の投資が必要で，それを促進するような施策が必要である．

まとめ　業務部門は，オフィスや各種サービス業でのエネルギー消費で，民生部門とも呼ばれる．夜間電力でヒートポンプを作動させ氷を生成し，氷蓄熱槽から取り出した冷熱を空調に利用するシステムが従来より 24 % 省エネになる．清掃工場，工場等の排熱や河川水熱等の熱を利用した地域冷暖房システムでは，河川水を夏季にはヒートポンプの冷却水として冬季には熱源水として利用し省エネの成果をあげている．ヒートポンプ方式の機器は省エネ効果が大きいが，まだ十分には普及していないので今後の普及が期待される．

72話　家庭部門での省エネは？

　家庭部門は，最終エネルギー消費のうち，家計が住宅内で消費したエネルギー消費を指す．自家用車や公共交通機関の利用等による人，物の移動に利用したエネルギー源の消費は，すべて運輸部門に計上する．
　最近のエアコンはヒートポンプ方式であり，夏は冷房に，冬は暖房に使うことができる．冷媒が液体から気化する時に周りから熱を奪うことを利用して冷房に使い，圧縮機を使って気体を液体にする時に発生する熱を使って暖房に利用する．冷房と暖房とで冷媒の流れは逆になる．日本冷凍空調工業会の調査によると，2.8 kWクラスのエアコンの使用電力の平均は，1995年型で1,492 kWhなのに対し，2008年型では858 kWhと40％以上の省エネになっている．これはメーカーの努力によって年々省エネが進んでいることを示している．冷蔵庫もエアコンと同じヒートポンプ方式を使っていて，年々省エネが進んでいる．
　従来の洗濯機は連続的に回転して洗濯を行うが，最近の洗濯機にはパルス幅調整（PWM）制御方式を使ったものがある．回転数を変化させる，起動停止を繰り返すなど最適制御を行うことにより省エネを行っている．交流を直流に変換後，インバータでパルス幅の異なる方形波を作り，その後，周波数，電圧値の異なる電圧波形を作ってモータの回転数を制御し，電力消費を少なくする．インバータ制御は冷蔵庫やエアコンでも同様に行われている．洗濯機には洗剤を多めに入れがちだが，洗剤を多く入れても汚れが落ちやすくなるわけではない．むしろ濯ぎの時間が増え，電力と水を浪費することになる．汚れを落ちやすくするには，お風呂の残り湯を使うと，水温が高いので効果的である．また，洗濯乾燥機でもヒートポンプ方式が省エネになる．乾燥にヒータも水も使わず，圧縮機で発生する熱を使い，暖かく乾燥した空気を乾燥機に送り，熱交換器で冷やされ凝縮した水分を排出した空気を再び圧縮機に送る．
　家庭用燃料電池は，電力と給湯を同時に供給するシステムで，ガス会社等が供給している．都市ガスを燃料としているが，都市ガスを改質して燃料電池に水素を供給している．発電した後の廃熱を利用して給湯するので，総合熱効率が90％程度になる．固体高分子形燃料電池（PEFC）と固体酸化物形燃料電池（SOFC）とがあるが，PEFCは発電よりも給湯の方が，SOFCは給湯よりも発電の方が効率が良いという特徴がある．

ガス給湯器では，シャワー等を使用すると，給湯器内で水が通り，それに伴ってバーナが点火し，燃焼が始まる．従来のガス給湯器は，お湯を作った後の排気の温度が200℃もあった．効率の良い「エコジョウズ」というガス給湯器では，排気中の水蒸気を水にし，そこで発生する潜熱を利用するものである．効率は従来型の80％から95％に改善したとのことである．

　照明器具では，白熱電球をLED化することにより大幅な省エネと長寿命化ができ，明るさを制御できる．温水洗浄便座では，従来，ヒータ線埋込み型で，通電して温度が上がるまでに時間がかり，通電し放しにする必要があった．ランプヒータ加熱では，ランプヒータと反射板がついており，アルミニウムの板を数秒程度で加熱して便座に伝えるようになっている．装置には人体感知センサがついており，人が入った時だけランプヒータを加熱するため，大きな省エネになる．ただ，ランプヒータ方式にしてもLED照明にしても，初期投資が必要で，導入のタイミングを図る必要がある．

　家庭部門の二酸化炭素排出量は，戦後ずっと増え続け，**図42**（p.157）を見ても1990年以降も増え続けている．これは，テレビ，冷蔵庫，洗濯機に代表されるように，家庭での電化が急速に進んだ結果と言える．もう一つの要因は，戦後人口が増え続け，1990年以降，人口はほぼ横ばいだが，世帯数は増え，省エネ機器が発達しているにも関わらず家庭部門の排出量が減っていない理由と考えられる．政府の温室効果ガス削減目標では，家庭部門が40％となっている．最近の家庭での機器の省エネ性能には目覚しいものがあるが，テレビの大型化，新しい電気機器の普及等によりエネルギー消費がプラスに向かう要因も多く，国民の省エネ意識がよほど高まらないと達成は困難だと思われる．

　まとめ　家庭部門は，住宅内でのエネルギー消費で，電気，ガス等の消費によるものである．最近のエアコンや冷蔵庫はヒートポンプ方式で省エネが進んでいる．洗濯機，エアコン，冷蔵庫はインバータ方式で省エネが進んでいる．家庭用燃料電池，ガス給湯器，ランプヒーター式温水洗浄便座，LED照明等の家庭で使う機器の省エネ性能は目覚しいが，一方，テレビの大型化や新しい電気機器の普及等の省エネに逆行するものもあり，国民の省エネ意識がよほど高まらないと政府の省エネ目標の達成は困難だと思われる．

第 13 章　生物とエネルギー

73話　人体のエネルギー収支は？

機械は仕事をしていない時，エネルギー消費はない．だが，人体は，外に対して何の仕事をしなくても，生命維持のためエネルギーを消費する．これが基礎代謝である．基礎代謝量の測定は，適温の環境で安静，横臥，食後 12 〜 15 時間を経た覚醒状態で熱量計での測定，または呼気の二酸化炭素と消費した酸素を測定して得られる．

20 代成人男性の基礎代謝量は，1 日に約 1,500 kcal である．体重 1 kg 当たり毎時約 1 kcal になる．女性の場合は，この数値に 0.8 を掛ける．基礎代謝量の内訳（単位 kcal）は，脳 200，肺臓 40，心臓 50，肝臓 350，腎臓 60，筋緊張 800 である．基礎代謝量の半分以上が筋肉の緊張で，そのうちのかなりの部分は体温の維持に使われている．睡眠時は，筋肉の緊張が低下して体温がわずかに下がり，基礎代謝量の 90 % 程度に低下する．肝臓は体成分の合成等に使い，脳は休んでいる時もエネルギー代謝が盛んで，腎臓は尿の分泌にエネルギーを使い，肺は呼吸のために水を気化するエネルギーを使う．

人は，働けばそれだけエネルギーが必要である．そのエネルギー量は，基礎代謝量を B とすると，Bx で与えられる．ここで，x は生活活動指数と呼ばれる係数で，絶対安静の場合は 0.1，寝たきりに近い場合は 0.2，事務の仕事等の軽い場合は 0.35，製造業や医師サービス業等の中程度の場合は 0.50，農漁業や建設業等のやや重い場合は 0.75，林業や農繁期作業等の重い場合は 1.0 となる．これ以外，消化器は食物から摂取したエネルギーの 1 割程度を使って消化活動を行う．これは，主に肝臓で摂取した栄養素を処理するためである．基礎代謝量に加えて仕事等の活動に必要なエネルギーを含めると，20 代成人男性の 1 日に必要なエネルギーは約 2,500 kcal となる．

人間は，呼吸によって得た酸素を使って栄養素を分解し，その時に発生するエネルギーを使って ATP を合成する．ATP は，アデノシン三リン酸で，生物のエネルギーのやり取りに関与する分子である．人間は，1 日に体重と同じほどの ATP を合成し，分解していると言われている．人間がどれだけのエネルギーで活動しているかは，栄養素を代謝して発生する呼吸のガスを分析して調べる．成人は，休息時に毎分平均 300 mL の酸素を体内に取り込み，約 250 mL の二酸化炭素を排出している．運動時には最大毎分 4 L まで酸素を消費する．酸素，二酸化炭素と尿中の尿素

の量を分析して，食物で摂取した糖質，タンパク質，脂質の量を推定することができる．栄養素の燃焼によって人体内で生ずるエネルギー量は，糖質 4.1 kcal/g，タンパク質 4.1 kcal/g，脂質 9.3 kcal/g と既知であるので，全エネルギー量を計算できる．酸素摂取量の最大値が毎分約 4 L であるから，これを超える激しい運動では，酸素なしに ATP を作る解糖系が働き，体内に乳酸が蓄積する．これは酸素負債と呼ばれる現象である．運動が終われば，しばらく酸素の消費量の増加が続き，乳酸の一部を酸化してエネルギーを得て，乳酸の一部をグルコースに再生する．こうして運動後の呼吸で酸素の負債を返す．

　体内で ATP が分解され，筋肉や神経の活動に使われると，その一部は熱となる．熱は体温を保つために必要だが，人体では熱エネルギーを利用して運動等の仕事に変えることはできない．これが熱機関等と違うところである．しかし，身体が冷えている時，外から温めると，体温を上げるための筋肉のエネルギー消費を節約できる．人体の様々な組織で代謝によって生じた熱は，主に皮膚から捨てられる．他にも，汗等の水分の蒸発，肺での水分の蒸発，呼気の加温等に熱が使われる．体温を一定に保つため，視床下部という所で多くの代謝機能を調節している．運動をして熱の放散が必要になると，自律神経が働いて筋肉の緊張を緩め，皮膚の下を通る血管を広げ，熱を体外に放射し，汗をかいて水の気化熱を逃がす．体温が下がってくると，筋肉の緊張を高め，皮下の血管を収縮させ，熱の放散を防ぎ，毛を立てて空気の対流を起こりにくくしている．

　食事から摂取した栄養素を分解してエネルギーとして使うが，余ったエネルギーは，体脂肪の形で蓄えられる．脳では糖を必要とし，そのため，初め肝臓のグリコーゲンが使われ，それでも足りなければタンパク質を分解して糖新生という反応を起こす．絶食で体重を減らそうとすると，脂肪酸の代謝物でケトン類が蓄積し，体液が酸性になり，抵抗力を生むタンパク質等が失われて健康に良くない．

まとめ　人体は，外に仕事をしなくても生命維持のためのエネルギーが必要で，基礎代謝と言う．基礎代謝は，脳の活動，呼吸，血液循環，栄養素の代謝，体温の維持等に使われる．人は働けばそれだけエネルギーが必要だが，安静時と激しい運動時とのエネルギー量の比は 10 倍を超える．必要なエネルギーは摂取した栄養素を糖質，タンパク質，脂質の形にして燃焼させて得ている．余ったエネルギーは体脂肪の形で蓄える．体温の維持は視床下部からの司令により血管の膨張，収縮や発汗等により行う．

74話　生物の細胞でのエネルギーのやりとりは？

　生物の体内で物質が化学反応を受けることを代謝と言う．摂取された糖質，タンパク質，脂質等の栄養素は分解されるが，その主な目的はエネルギーを得ることで，異化と呼ぶ．一方，細胞を作り上げているタンパク質等の多くの成分を合成することを同化と呼ぶ．牛肉，豚肉等のタンパク質を人間はそのまま身体のタンパク質にすることはできない．それらを体内に取り込むと，タンパク質の構造が違うため免疫反応が起きてしまう．そのため，各栄養素を加水分解で単糖類，アミノ酸，脂肪酸に分解し，必要があれば細胞で独自のタンパク質や核酸に合成する．

　加水分解で得られた単糖類，アミノ酸等は，細胞内の細胞基質で分解される．単糖類とグリセリンは，解糖という作用で乳酸と少量の ATP を作る．これは酸素のいらない ATP 合成で，呼吸の間に合わない激しい筋肉運動によるものである．酸素があれば，乳酸は，ピルビン酸を経てアセチル CoA（酢酸補酵素 A）という化合物になる．脂肪酸も，酸化によってやはりアセチル CoA になる．アセチル CoA の分解は，クエン酸(TCA)回路という仕組みで行われる．アセチル CoA の炭素部分は，二酸化炭素として除かれ，残る水素部分は NADH として電子伝達系に伝えられる．NADH は呼吸の補酵素で，酸化形が NAD^+，還元形が NADH または $NADH_2$ と呼ばれる．この水素部分を酸素で水に酸化し，発生するエネルギーを使って ATP を合成する．アミノ酸は，脱アミノという作用でアンモニアを除いた後，アセチル CoA になるものとクエン酸回路に入るものとがある．

　栄養素の最終的な分解は，ミトコンドリアと呼ばれる細胞内の小器官で行われ，ここで ATP の大部分が作られる．ミトコンドリアは直径が約 $1\,\mu m$ の米粒状の袋で，外側の外膜とその中に複雑に入り組んだ内膜でできている．ミトコンドリア内で呼吸による酸素消費と二酸化炭素の生成が行われる．ミトコンドリアの内膜での呼吸に伴う酸化的リン酸化，つまり ATP の合成反応が行われる．生物の ATP の大部分を合成しているのは ATP 合成酵素の F_0F_1 である．F_0F_1 は，ミトコンドリア内膜，葉緑体チコライド膜等にあり，電子伝達系からエネルギーをもらい ATP の合成反応を行う．

　電子伝達系では，酸化酵素によって NADH の水素を酸化し，水を生成する．その時に発生する多量のエネルギーを内膜の ATP 合成酵素の F_0F_1 に伝え，ADP と Pi（リン酸）から ATP を合成する．これが酸化的リン酸化で，合成された ATP は

膜間腔に移り，ATP以外のヌクレオチドに一部が変換され，細胞内で各種のエネルギー利用系で消費される．エネルギーを放出した後のジヌクレオチドやモノヌクレオチドは，再びミトコンドリアに戻ってATP等のトリヌクレオチドに再合成される．解糖系ではグルコース1分子当たり2個のATPしか合成できないが，酸化的リン酸化では38個のATPを合成することができる．酸素を使った呼吸系では，エネルギー生産効率が良いことがわかる．

　生物がエネルギーを獲得する方法は，自動車等の熱機関と比較されてきた．生物では，自動車等と違い，温度差がほとんどない体内できわめて高いエネルギー効率のシステムを作っている．そのシステムは，熱機関よりは燃料電池に似ている．その仕組みは，化学浸透圧説で説明される．電子伝達系では，NADHの水素と酸素が結合して水にまで酸化するので，大量のエネルギーが出るはずである．この発生したエネルギーで，電子伝達系はミトコンドリアの内側から外側に，葉緑体では外側から内側に水素イオン(H^+)を運ぶことがわかっている．ミトコンドリアにグルタミン等のクエン酸回路の基質を加えて酸素を送ると，ミトコンドリアからH^+が出てきて外側の液が酸性になることがpH測定器で確認できている．このプロトンの流れが燃料電池の電流に相当し，1グラム当量のプロトンの生体膜両端の電気化学ポテンシャル差が燃料電池の電圧に相当する．電気化学ポテンシャル差は，1グラム当量のプロトンの輸送による電気的仕事と浸透圧仕事の合計になる．

　エネルギー獲得系で合成されたATPは，生体物質の合成のエネルギーとしても使われる．成人では成長が止まるが，体内では盛んに合成と分解が起こっている．体重はほとんど変わらないが，2週間もすれば肝臓の大部分は入れ替わり，脳でも半分のタンパク質は入れ替わっている．合成のエネルギー源はATP等のヌクレオチド，情報源はタンパク質(伝令RNA)と核酸(DNA)，還元剤は$NADH_2$である．

まとめ　生物の体内に摂取された糖質，タンパク質，脂質等の栄養素は，分解されエネルギーを得るためと，細胞を作り上げているタンパク質等を合成するために使われる．栄養素の最終的な分解はミトコンドリアと呼ばれる細胞内の小器官で行われ，呼吸で得た酸素を用い酸化的リン酸化によってATPの大部分が作られる．合成されたATPは膜間腔に移り，細胞内で各種のエネルギー利用系で消費される．エネルギーを放出した後のヌクレオチドは，再びミトコンドリアに戻ってATP等のトリヌクレオチドに再合成される．

75話　筋肉と運動のエネルギーをどう得ているのか？

　筋肉の代表である骨格筋は，骨に付いていて自分の意志で収縮できる横紋筋で，構造は階層的になっている．直径数 cm の円柱状の筋肉は，直径数 mm の筋束，直径数 10 μm の筋線維，直径 1 μm の筋原線維からできている．筋原線維は，筋肉の主要なタンパク質であるミオシンの太い繊維(A 線維)とアクチンの細い繊維(I 線維)とからできている．横紋は，I 線維と A 線維が交互に規則正しく並んで生じる．I 線維の中には，アクチンの他に細いトロポミオシンやトロポニンを含まれている．A 線維の束の太さは 15 nm，ミオシンの長さは 110 nm で，I 線維の束の太さは 8 nm である．

　筋肉の活動は，収縮系，制御系とこれらを支えるエネルギー獲得系に分けて考えることができる．筋肉の収縮系で人体の中で最大のエネルギーが消費され，制御系の消費エネルギーはわずかである．人体には，骨格筋の他に平滑筋と心筋がある．消化管，血管，気管支，性器，泌尿系等の臓器の筋肉は，自分の意志で動かすことはできず，平滑筋でできている．平滑筋は，単核細胞からできているが，アクチンとミオシンが含まれている．心筋には横紋があるが，自分の意志で動かせないなど平滑筋と似た性質もある．

　筋肉の組成の約 20 %はタンパク質で，その中で最も多いのがミオシン，次いでアクチンである．これらは収縮性タンパク質と呼ばれ，互いに結合してアクトミオシンになる．アクトミオシンに ATP を加えると，カルシウム濃度が高い時は収縮する．ミオシンの分子は分子量 52 万の細長い分子で，分子量 22 万の 2 個の鎖が長さ 110 nm に伸びている．末端には 2 個のメロミオシンという部分があり，ここで ATP を分解してエネルギーを得ている．その他，力を伝達するコネクチン，筋膜と腱を作っているコラーゲン等がある．コラーゲンは丈夫な線維を作るタンパク質で，皮膚や骨でも大量に作られている．また，制御系の筋小胞体の中にカルシウムが蓄えられており，筋肉の収縮の刺激でカルシウムを放出するカルシウムチャンネルとカルシウムを蓄えるカルシウム ATP ターゼがある．

　筋肉が収縮する時，筋肉タンパク質自身の形が小さくなるのではなく，アクチン線維の間をミオシン線維が滑っていき，筋接が短くなる．これが起こるのはカルシウム濃度が 10^{-5} モル程度に高まった時で，カルシウム濃度が 10^{-8} モル以下では移動力を失って伸びてしまう．1 本のアクチン線維の移動の力は，0.5 〜 1.5 pN（ピ

コニュートン)と言われている．また，ATP が 1 分子分解すると，100 nm だけ滑走する．1 本 1 本のアクチン線維の力が筋線維の束となり，強い力を出すことができる．

　筋肉の収縮は，ATP の加水分解のエネルギーで駆動されている．これはアクトミオシンの ATP 分解だけでなく，興奮収縮関連の際に流入した Na イオンを外に輸送する Na, K-ATP アーゼ，筋小胞体から流出した Ca イオンを回収する Ca-ATP アーゼ，筋肉成分の合成の各種リガーゼ，情報伝達の cAMP，キナーゼ等も ATP を消費する．筋肉のミトコンドリアは，筋原線維の ATP 消費の行われる部分に存在している．酸化的リン酸化によって合成された ATP は，拡散速度が遅く，貯蔵に適さず，ATP のリン酸結合の大部分は，筋肉ではクレアチンリン酸 (PCr) となって一時的に細胞液中に貯蔵されている．そして，必要に応じて ATP に変えられ，大部分がアクトミオシンの ATP アーゼによる収縮のエネルギーとして利用され，ADP，無機リン酸となって再び ATP 合成酵素に供給される．

　タイ，ヒラメ等の白身の魚は，普段は休んでいて，獲物が近くに来ると瞬時に捕まえようとする．一方，マグロ等の赤身の魚は，絶えず泳いでいる．白筋は，酸素の補給が間に合わない急な運動に使われ，解糖でエネルギーを得る乳酸性機構である．白筋にはグリコーゲンが多く，乳酸脱水素酵のような解糖系の酵素活性も高く，また，急速な収縮に対して ATP を PCr から再合成するためのクレアチンキナーゼの含量も多くある．赤筋と白筋の区別は，ヒトの筋肉では連続的である．赤筋に多い緩収縮性酸化的線維 SO (I 型)，白筋に多い速収縮性解糖線維 FG (2B 型)，それらの中間の速収縮性酸化的解糖線維 FOG (2B 型) の 3 種がある．FG は，解糖系に富み，筋小胞体への Ca の出入りが速く，発生する力は SO の 10 倍もあるが，すぐ疲れてしまう．100 m 走や砲丸投げでは線維 FG，マラソン等では線維 SO，中間の 800 m 走やレスリング等では FOG 線維が主に使われる．

まとめ　骨格筋は，自分の意思で収縮できる横紋筋である．横紋は，筋肉の主要なタンパク質であるアクチンの細い線維 (I 線維) とミオシンの太い線維 (A 線維) が交互に規則正しく並んで生じる．筋肉が収縮する時，アクチン線維の間をミオシン線維が滑っていき筋接が短くなるが，これはカルシウム濃度が高くなった時に起こる．その際，ATP が消費される．急速な運動の際は白筋に多い速収縮性解糖線維 FG が，持続的な運動の際は赤筋に多い緩収縮性酸化的線維 SO が，中間の際は速収縮性酸化的解糖線維 FOG が主に働く．

76話　脳と精神のエネルギーはどう得られるのか？

　脳は筋肉のように力仕事もせず，肝臓のように物質を合成することもしない．脳は，身体の内外からの情報の処理が仕事で，コンピュータと同様，情報の入出力装置，演算装置，記憶装置を持っている．情報の単位はビットで，0か1で，0と1の組合せで様々な情報を表すことができる．

　同じ情報を扱っていても，脳とコンピュータとは装置が全く違う．コンピュータは，トランジスタ素子を無数に組み込んだ集積回路に電子を流して行うが，脳は，神経細胞から細い軸索と呼ばれる神経線維が出て，次の神経細胞や筋肉細胞等に連絡している．この軸索を伝わっていくのは，膜電位の変化の波だが，これは膜を通るイオンの流れである．脳の神経細胞はコンピュータの素子，軸索は電線に例えられるが，細胞は素子に比べてはるかに複雑で，1つの細胞に無数の軸索の末端が次の細胞との接点（シナプス）を形成し，情報伝達物質を介して次の細胞に情報を伝える．脳には神経細胞が140億個もあり，その無数の組合せで生じる記憶容量は天文学的な数字で，大型コンピュータの記憶容量よりはるかに大きい．しかし，軸索を通る膜電位の変化の波（インパルス）の伝達速度は，光速度で伝わる電子に比べればはるかに遅くなる．人は全身でもエネルギーの消費速度は約100 Wにすぎないが，大型コンピュータはこの100倍程度のエネルギーを使う．

　脳は，安静時にはエネルギー消費の20％近くを使っている．特に新生児のその割合は50％に達する．脳は1日に約120 gのグルコースを使い，脂質はほとんど利用されず，アミノ酸の中ではロイシン，バリン等が少しだけ使われる．これは，脳を保護するために危険な物質を通さないようにする脳血管関門があるためである．低血糖になり脳のグルコースが25％減少する時は，酸素消費も25％減少する．そして，激しい痙攣や脳軟化症が起こる．脳ではグルコースが不足しても代わりのエネルギー源がないためである．脳の動脈硬化等で酸素やグルコースを送る血流が不足した場合，始めは血液から脳に送る酸素を増やして補うが，血流量が50％以下になると，脳の酸素消費量が減り始め，意識が薄れていき，そのうちどのような刺激にも反応しない昏睡という状態になる．

　脳全体の代謝の増減は，脳を作っている神経細胞の代謝の総計である．精神神経活動は，活動電位の変化を基本としている．この場合でも，他の臓器と同様にATPの加水分解エネルギーで駆動されている．特に脳が酸素欠乏と低血糖に侵されやす

い臓器なのは，ATP生成の機能が細胞のミトコンドリアに依存しているためである．

　神経細胞は，長い軸索という突起と短く出た多くの樹状の突起を持っている．神経の興奮とは，細胞の中にNa^+イオンとCa^{2+}イオンとが流入し，K^+イオンが流出することである．イオンの流れにより膜電位の変化が起こる．電気化学ポテンシャルに従ってイオンを通すのは，チャンネルと呼ばれる孔の開いた膜タンパク質である．この興奮の電位変化の波が軸索を末端のシナプスに向かって次々に移動していく．電位変化で神経細胞の膜をイオンが通りやすくなるのは，電位型チャンネルの孔が開いてイオンを通すためである．

　こうして軸索を伝播したインパルスが末端に到達すると，Ca^{2+}イオンチャンネルが開き，アセチルコリン等の神経伝達物質が樹状突起のシナプスに放出される．シナプスに放出されたアセチルコリンは，伝達が行われた直後にコリンエステラーゼによって分解され，次のアセチルコリンの刺激を受けられるよう準備する．このように細胞が興奮を続けていると，興奮の伝達や伝導のたびにNa^+イオンが細胞内に，K^+イオンが細胞外に増加してしまう．そこで，これらをATPのエネルギーを利用して汲み出すNa-KイオンATPアーゼ(Na^+, K^+-ATPアーゼ)というポンプの役割をする酵素が働く．この他，伝達物質の合成酵素，細胞内情報伝達のための各種キナーゼ，軸索内の物質の流れを送る細胞骨格，ニューロンのエネルギー利用系のすべてがATPを消費する．

　まとめ　脳は，身体の内外からの情報の処理をする．脳は，神経細胞から細い軸索と呼ばれる神経線維が出て次の神経細胞や筋肉細胞等に連絡する．軸索を伝わっていくのは膜電位の変化の波で，これは膜を通るイオンの流れである．脳の神経細胞は1つの細胞に無数の軸索の末端が次の細胞との接点を形成し，情報伝達物質を介して次の細胞に情報を伝える．Na-KイオンATPアーゼというポンプの役割をする酵素，伝達物質の合成酵素，各種キナーゼ等，ニューロンのエネルギー利用系のすべてがATPを消費する．

77話　植物はエネルギー変換をどのようにしているか？

　植物は太陽光を利用して光合成を行う．地球上に到達する可視光線のほとんどは 500 〜 700 nm の範囲にある．エネルギーの高い 500 nm では約 239 kJ/mol に相当し，二酸化炭素の C-O 結合のエネルギーは 799 kJ/mol，水の H-O 結合のエネルギーは 459 kJ/mol であり，二酸化炭素と水を原料として，可視光線をエネルギーとして光合成を行うのは無理なように見える．この光合成反応の秘密は，光合成色素のアンテナ機構と光励起に伴う電子移行メカニズムによっていると解明されている．

　光合成反応は，植物の細胞内の葉緑体と呼ばれる米粒状の器官で行われる．葉緑体内部にはグラナと呼ばれる座布団を重ねたような物質があり，その座布団の1枚1枚の膜をチコライドと呼び，チコライド膜にはクロロフィルやカロテノイド等のπ電子系色素や電子伝達物質がある．クロロフィルにはクロロフィル a（分子式 $C_{55}H_{72}O_5N_4Mg$），クロロフィル b（分子式 $C_{55}H_{70}O_6N_4Mg$）等の種類がある．植物の光合成反応は，可視光線のうち 680 nm と 700 nm とを使って行われていることがわかっている．それらの波長の光に対し，割合として1個のクロロフィル a が反応し，それ以外の波長に対しては割合として 300 個のクロロフィル b がずらっと並んで待ち受けて光に反応している．クロロフィル b は，いろんな波長の光をアンテナのようにキャッチして集め，それを1個のクロロフィル a に渡すので，アンテナ色素と呼ばれる．クロロフィル a では，光合成の主励起反応が行われる．

　カロテノイドは，青色の光を主に吸収する黄色の光合成色素で，光が弱い時はアンテナ色素として働き，光が強すぎる時は植物体を活性酸素の害から守る働きをしているものと考えられている．クロロフィルがエネルギーを吸収した状態に置かれると，その一部は三重項クロロフィルと呼ばれる状態になる．三重項クロロフィルが酸素と反応すると，一重項酸素という活性酸素を生じ，細胞に害を与える可能性がある．β-カロテンは，三重項クロロフィルまたは一重項酸素と反応し，それらを元のクロロフィルや酸素に戻し，危険が広がらないようにする役割を果たす．

　光合成の光励起過程の模式図を**図 43**に示す．ここで，縦軸のエネルギー単位は電圧（V），また，横軸はチコライド膜上の内側から外側への空間的配置を示している．まず，チコライド膜上の内側で 680 nm 付近の波長の光がクロロフィル b に吸収されて色素が活性化され，勢い余って電子が1個飛び出す［この光吸収を光化学

系(PS)Ⅱと呼び，その電子を P_{680} と略記する]励起された P_{680}^{*} の電子は，隣接するいくつかの化合物（**図43**に記号で示す）の中を移動し，プラストシアニン(PC)という化合物に移る．この過程の中で生じたエネルギーを利用してATPが合成される．電子が飛び出したために電子不足となった P_{680}（酸化型 P_{680}）は，H_2O のエネルギー準位が近くにあるので，Mnを含む水分解酵素Sが働いて H_2O から電子を奪い，自身は元の安定状態に戻る．この水分解の時に酸素ガスが生じ，気孔から放出される．

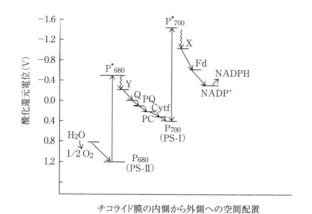

図43 光合成の2段階光励起過程

一方，700 nm 付近の波長の光を吸収した光化学系(PS)Ⅰの電子(P_{700})は，励起されて P_{700}^{*} となり，X，Fd を経て $NADP^+$ に渡され，$NADP^+$ は NADP になる．ここで NADP は還元され，NADPH ができる．電子の抜けた P_{700} には，P_{680} 由来の電子がプラストシアニン(PC)を通して供給され，自身は元の安定な P_{700} に戻る．

まとめ　光合成反応は，植物の細胞内の葉緑体の中のチコライド膜で行われる．チコライド膜にはクロロフィル a，クロロフィル b 等がある．クロロフィル b は，様々な波長の光を集めるアンテナ色素である．680 nm 付近の波長の光がクロロフィル b に吸収され，電子が1個飛び出す．励起された電子は隣接するいくつかの化合物に移る．電子不足になったホールは，H_2O から電子を奪い，水分解を行う．クロロフィル a で 700 nm 付近の波長の光を吸収した電子は，励起されていくつかの化合物に移り，最終的に NADPH ができる．

78話　植物はどのようにエネルギーを貯蔵し利用しているのか？

　77話で述べた植物のエネルギー変換過程は，光の存在下で進む反応で，明反応と呼ばれる．明反応は，水を分解して酸素と電子とプロトンを生成する要素 $[H_2O \rightarrow 2H^+ + 2e^- + (1/2)O_2]$，電子を化合物に伝える要素，その電子とプロトンを使って NADP を還元して NADPH を生成する要素，励起された $P_{680}{}^*$ の電子のエネルギーを使って ATP を作る要素から成り立っている．

　これらの明反応で得られた要素と二酸化炭素を使ってグルコースやデンプン等の形でエネルギーを貯蔵する反応は，光が関与しないので暗反応と呼ばれる．また，暗反応はカルビン回路とも呼ばれる．光化学反応により生じた NADPH，ATP が駆動力となって回路が回転し，最終的にフルクトース-6-リン酸から糖新生経路に入り，多糖（デンプン）となる．この回路の中核である炭酸固定反応を担うリブロースビスリン酸カルボキシラーゼ（RubisCO）は，地球上で最も存在量の多い酵素であると言われている．

　明反応は葉緑体のチコライド膜で起こるが，暗反応（カルビン回路）は葉緑体のチコライドの外である基質部分（ストロマと呼ばれる液体部分）で起こっている．また，光合成細菌の場合，細胞質基質で行われる．

　カルビン回路は次の式で表すことができる．

$$6\,CO_2 + 18\,ATP + 12\,NADPH + 12\,H^+$$
$$\rightarrow C_6H_{12}O_6 + 6\,H_2O + 12\,NADP^+ + 18\,ADP + 18\,H_3PO_4 \quad (16)$$

ここで，二酸化炭素が固定されて糖になるが，1分子の二酸化炭素を固定するのに，3分子の ATP と 2分子の NADPH が必要である．

　カルビン回路の代謝は，13 の酵素が関与し，14 個の反応中間体を生ずる複雑な反応系であるが，カルボキシラーゼ反応，還元的合成反応，再生反応の3つに分けられる．カルボキシラーゼ反応は，炭素数5（C5）の糖リン酸であるリブロース-1,5-ビスリン酸（RuBP）に RubisCO が触媒となって CO_2 が結び付いて C3 化合物である 3-ホスホグリセリン酸が 2分子生成する反応である．この RubisCO の触媒活性は光強度に依存することから，このカルボキシラーゼ反応は，電子伝達系と協調的に制御されていると考えられている．還元的合成過程は3分子のリブロース-5-リン酸と 3分子の二酸化炭素から 6分子のグリセルアルデヒド-3-リン酸（GAP）が合成される．この時，全部で 9分子の ATP と 6分子の $NADPH_2{}^+$ が消費される．

このGAPが起点となっていくつかの反応系が継続し，最終的にフルクトース-6-リン酸から糖新生経路やその他の経路によって，ショ糖，デンプン，セルロース，脂肪酸，アミノ酸等が合成される．

大部分の植物は，リブロース二リン酸に炭酸を結合して2分子の三単糖を合成するので，C3植物と呼ばれる．この三単糖(グリセリンアルデヒド三リン酸)が2つ結合すると，グルコース等の六単糖になる．

これに対して，二酸化炭素の濃縮を発達させたのがC4植物である．トウモロコシやサトウキビ等の葉肉細胞の中で，ホスホエノールピルビン酸に炭素固定して炭素数4のオキサロ酢酸を合成するので，C4植物と呼ばれる．このオキサロ酢酸は，すぐに還元されて大量のリンゴ酸として液胞の中に蓄えられる．そして，そのリンゴ酸は，維管束鞘細胞の中で分解されてピルビン酸と濃い炭酸になる．C3植物の炭酸固定反応は，大気中の酸素で阻害されるが，C4植物では阻害されないだけでなく，光合成中に失われる水もC3植物の1/3程度で，光合成の効率は非常に高い．

植物はエネルギーを貯めるだけでなく，貯めた栄養素を呼吸により分解し，生命活動のために使う．動物は，呼吸をミトコンドリアで行うが，植物は，葉緑体チコライド膜等で行う．いずれも呼吸によって，生物の酸素消費と二酸化炭素の生成，ATPの合成反応が行われる．生成したATPのエネルギーを使い植物の生命活動が維持されている．

まとめ　光合成の光化学反応で得られた電子，プロトン，NADPH，ATPと二酸化炭素を使ってグルコースやデンプン等の形でエネルギーを貯蔵する反応は，暗反応またはカルビン回路と呼ばれる．光化学反応により生じたNADPH，ATPが駆動力となって回路が回転し，最終的に多糖となり，植物体内に貯蔵される．植物は貯めた栄養素を使って葉緑体内で呼吸を行い，そこで得たエネルギーを生命活動のために使っている．

第14章　エネルギーの未来

79話　化石燃料の未来は？

　石油と天然ガスの採掘可能年数は数十年と言われている．実際には，使用できる年数がその倍程度あるとしても，数十年後にはその価格は相当上がることを覚悟しなければならない．今からそれに備えた技術開発を行う必要がある．

　石油の中で最も消費量の大きいのはガソリンである．ガソリン消費を少なくするハイブリッド車，プラグインハイブリッド車，電気自動車，燃料電池自動車等の開発を急ぎ，普及を図る必要がある．この分野をリードしている自動車メーカーが日本にはあり，今後の開発にも期待がかかる．メーカー側の努力だけでなく，充電スタンド，ワイヤレス充電，水素スタンド等の環境整備も重要である．また，ガソリン車に供給できるバイオ燃料の開発，水素燃料を安価に供給するシステム開発も重要である．ガソリンの値段が上がった時期の影響もあり，ハイブリッド車や燃費の良い軽自動車が新車販売のトップグループを占めるようになっている．

　ここ十数年程度は，石油が値上がりした影響もあり，エネルギー消費に占める石油の割合が減少している．特に火力発電における石油のシェア低下は著しい．しかし，液体で扱いやすくすぐに使える利点がある石油は，すぐには使用を止めるのが困難な面がある．これは火力発電用だけでなく，石油を燃料とするあらゆる用途に言える．長期的には，石油を用いた火力発電等のように燃料として使うことは，廃止されることが望ましい．化石燃料保存の視点からも，地球環境保全の視点からもそうである．石油は，燃料として使うのではなく，プラスチック，ゴム，繊維，油脂，合成用化学薬品等の原料として使用すべきである．石油精製の際，重油，灯油，軽油，ガソリン等が蒸留によって得られるが，これらはエチレン，プロピレン，ベンゼン，ブタジエン等の石油化学製品の原料として用いられることが望ましい．

　LNG火力発電は，現在は最も二酸化炭素排出量が少ない火力発電として主力になっている．しかし，天然ガスも数十年後には価格が相当上がると考えられるので，使うとしても効率の良い方法を用いる必要がある．現在より高温化した複合発電で，総合効率70％以上を目指すべきであろう．その場合，発電用タービン材料のさらなる高温化と複合発電の技術開発がテーマとなる．総合効率70％以上を目指すには，耐熱合金では無理で，C/C（炭素繊維強化炭素）複合材料等の開発がカギとなる．

　日本では天然ガス資源は少ないが，日本近海にはメタンハイドレートが大量に埋

蔵されている．メタンハイドレートを掘り出す方法が開発できれば，資源の少ない日本にとっては朗報となる．ただ，メタンハイドレートを海の底から経済的に可能な方法で掘り出すのは困難で，長期的な課題と言える．

　現在，石炭発電は主として微粉炭を燃やして用いられているが，長期的な観点からは廃止すべきであると考えられる．石炭は採掘可能年数が最も長く，石油や天然ガスの代替燃料としての視点も重要である．そのような観点で，石炭は基本的に液化するかガス化すべきであると考えられる．

　石炭の液化，ガス化は，固体燃料である石炭を灰分，硫黄分を除去したクリーンで取り扱いやすい液体燃料，気体燃料に転換することにより幅広い利用を可能にする．石炭液化は，石油に直接代替し得る液体燃料にする技術で，石油を輸入に頼っている日本のエネルギー供給構造を改善し，石油価格上昇の抑止力にもなる．石炭ガス化は，石炭から都市ガスあるいは複合発電システムに使用できる気体燃料を製造するもので，石炭を空気か水蒸気と反応させ，二酸化炭素等を除き，メタン，水素等の有用な燃料を得て，都市ガスや高効率の石炭ガス化燃料電池複合発電(IGFC)に使用する．IGFC は発電効率が高く，相対的に二酸化炭素の排出を少なくすることができる．

まとめ　　石油の中で最も消費量の多いのがガソリンで，ハイブリッド車，電気自動車，燃料電池自動車等の開発を急ぎ，充電スタンド，ワイヤレス充電，水素スタンド等の環境整備も重要である．石油は，火力発電等のように燃やして使うのではなく，プラスチック，ゴム，繊維等の原料として使用すべきである．石炭は微粉炭を燃やして使っているが，長期的には液化するか，ガス化すべきである．石炭液化は，石油に直接代替し得る液体燃料にする．石炭をガス化して効率の高い複合発電システム等に使用することが望ましい．

80話　再生可能エネルギーの未来は？

　石油，石炭，天然ガス，ウラン等の埋蔵資源の利用は，200年もすれば枯渇することが明らかである．人類が持続的にエネルギーを利用していくためには，再生可能エネルギーを開発することが不可欠である．再生可能エネルギーとは，太陽，原子核，地球内部のマグマのエネルギーを利用することになる．

　原子核のエネルギーは，現在，主に用いられている軽水炉に限定すると，ウラン資源は有限で，100年程度で枯渇する．しかし，高速増殖炉の運転が実用化すれば，プルトニウム239を作り出すことで，核燃料を循環させることが可能になる．これには，使用済み核燃料の再処理，プルトニウムの適切な管理，高レベル放射性廃棄物の処理・処分方法の確立が条件となる．いまだに高レベル放射性廃棄物の処理・処分方法を確立されておらず，核燃料サイクルを用いたエネルギー利用の道は厳しいと言わざるを得ない．

　また，核融合炉が実用化すれば，半永久的にエネルギーを得ることができる．核融合炉は，水素の同位体を高速で衝突させて核融合を行い，水素がヘリウムに変換する時に発生するエネルギーを発電に利用するものである．核融合反応の実験的な実現は可能だが，高速中性子によって炉壁が放射化し，放射化した粒子が核融合反応に及ぼす悪影響，放射化した炉壁の処理の問題を抱えている．また，水素の放射性同位体の三重水素(トリチウム)の処理という問題もあり，核融合炉の実用化があるとしても22世紀になると思われる．

　2012年より再生可能エネルギーの固定価格買取制が実施されている．現状では，買取価格が火力発電に比べてかなり高く，この制度なしには再生可能エネルギーの事業が成り立たない状態である．将来の化石燃料の価格高騰に備え，まずは再生可能エネルギーを量的に増やし，なるべく早い時期にコストを火力発電並みまで引き下げることが必要である．

　太陽からのエネルギーは，形を変えて太陽光，太陽熱，風力，水力，海洋，バイオマス等のエネルギーとなる．これらには半永久的に利用可能な資源量がある．技術的に利用可能な量は，少なくとも現在の世界のエネルギー需要の約20倍で，潜在的な資源量はさらに桁違いに大きく，技術の発達次第で利用可能な量もさらに増えると考えられる．

　風力発電を量的に増やし，なおかつコストを下げるには，風力発電に適した立地

を探すのが最も重要である．台風等の被害が少ない一定の風力が見込める地域，特に北海道，東北等が適している．ただし，そうした場所は住民が少なく，送電の費用が多くかかるという問題点がある．洋上は，風向きや風力が安定し，安定した風力発電が可能となり，立地確保，景観，騒音の問題も緩和できる．洋上風力発電は，建設，送電等のコストが陸上以上に厳しいという問題がある．そのような問題を克服するため，風力発電では送電線を建設せず，発電で得たエネルギーを用いて水の電気分解を行って水素を得るという方法がある．水素をデカリン等の有機ハイドライドとして貯蔵し，電力の需要地近くまで運び，燃料電池発電を行えばコストが下がり，風力発電は風次第という問題も解決に向かうと考えられる．

　太陽光発電のコストは1kWh当たり40円程度で，火力発電の約3倍である．将来，火力発電と同等にまでするには，相当の技術革新が必要である．多接合型太陽電池，色素増感太陽電池，有機薄膜太陽電池，量子ドット型太陽電池等は次世代型の太陽電池で，理論変換効率が50％以上と大幅に上げられる可能性がある．また，寿命の向上，はんだによる接続，太陽光を封じ込めるラミネートの技術，パワーコンディショナ等のメンテナンス技術の向上によるコスト低下も必要である．

　地熱発電は，火力発電と同程度のコストで発電できるが，立地が限られる問題がある．天然の熱水や蒸気が乏しくても，地下深くにある高温の岩体が存在する箇所を水圧破砕し，水を送り込んで蒸気や熱水を得る高温岩体発電の技術も開発され，期待されている．さらに将来の構想として，マグマ溜まり近傍の高熱を利用するマグマ発電の検討が行われている．開発に少なくとも50年はかかると言われているが，潜在資源量は日本の全電力需要の3倍近くを賄えると言われている．

まとめ　核燃料サイクルを用いたエネルギー利用の道は厳しい．核融合炉の実用化があるとしても，22世紀になる．風力発電の問題点を克服するには，送電線を建設せず発電で得たエネルギーを用いて水の電気分解を行って水素を得るという方法がある．太陽光発電のコスト低下には，次世代型の太陽電池で変換効率を大幅に上げることやメンテナンス技術の向上に期待がかかる．地熱発電は立地が限られることが問題点だが，高温岩体発電，マグマ発電に将来の期待がかかる．

81話　燃料電池の未来は？

　PEFC（固体高分子形燃料電池）とSOFC（固体酸化物形燃料電池）は，家庭用の小型電源として商品化されている．PEFCとSOFCはそれぞれ一長一短がある．PEFCは低温で運転ができ，始動が速い特長があるが，白金等の貴金属触媒を使うのがネックとなっている．一方，SOFCは天然ガスを燃料にすることを想定した場合，内部改質方式が可能で，改質器も貴金属触媒も必要ないのが特長である．ただし，始動に時間を要すること，すべてセラミックスでできているのでコストダウンが困難なこと，ヒートサイクルに弱く，寿命が短いのがネックとなっている．
　近年，SOFCの開発に新しい動きが見られる．超小型のマイクロSOFCが産総研を中心に開発が進んでいる．内径1.6 mm，長さ20 mmのチューブ型SOFCで，1 W/cm³という高出力を570℃という低温で達成している．製造方法は，燃料極チューブの押出し，電解質塗布，共焼成，空気極塗布という日本が得意とするファインセラミック技術を駆使している．その際，電解質の緻密な膜の厚みは数μmという薄さで，反応面積を大きくするため電極を多孔性に制御している．集電用の多孔性セラミックスユニットに多数のセルを配置し，全体としての効率を上げている．マイクロSOFCを自由なサイズで使えるようにハニカム型マイクロSOFCも開発されつつある．サブミリ直径の穴が規則配列したハニカム構造の基材を電極材料で作成し，塗布技術によって高集積セル構造に作る．このマイクロSOFCの熱容量が従来のものに比べて1桁程度小さいことから，これを使い500℃程度，数分で燃料電池が始動することが実現している．このマイクロSOFCの製造技術が確立し，コストダウンが可能になれば，小型定置電源，携帯端末用電源はもちろん，燃料電池自動車への採用の可能性も開けてくると考えられる．
　燃料電池自動車が今後どの程度普及するかは，電気自動車との競争になると考えられる．電気自動車の場合，動力源として用いる二次電池の重量当たりの出力ワット数が燃料電池に比べて数倍小さく，航続距離が限られることと，充電に時間がかかるのが欠点である．一方，燃料電池自動車の場合，水素ステーションの普及がネックになりそうである．当面，燃料電池自動車と電気自動車の長所を生かし，短距離の場合は電気自動車，長距離の場合は燃料電池自動車ということになりそうである．長期的に見れば，どちらが早くコストダウンを実現するかが普及の鍵となりそうである．その場合，日本の技術であるマイクロSOFCがいつ頃どのような形で

参加してくるかが注目される．

　大型燃料電池発電の普及の候補となるのが MCFC（溶融炭酸塩形燃料電池）と SOFC で，いずれも廃熱を利用した複合発電や燃料電池発電-ガスタービン発電-蒸気タービン発電のトリプル発電が想定される．いずれにしても，温度をより高くできる SOFC にメリットがあると考えられる．その場合でも，熱サイクルに弱いという SOFC の欠点を改良し，長寿命化を実現することが必要になる．

　将来，石油や天然ガスの価格が相当上昇し，太陽光発電，風力発電の占める割合が相当増えることが予想される．その場合，スマートグリッドの効率的な運用が十分にできていないと，電力会社は日々の天候によって大きく左右される電力需給の調整に苦慮することになる．そういう場合に備え，太陽光発電，風力発電によって生じた電気を使って水の電気分解を行い，水素の形でエネルギーを貯蔵するシステムの構築が求められる．風力発電の適地は都市から遠く離れた地域や洋上で，電力を水の電気分解に使えば送電線の設備投資をしないで済む水素のエネルギー貯蔵のメリットも生じる．そうして得た水素を使って電気の需要地近くで行う燃料電池発電，燃料電池自動車の燃料供給システム全体としてコストダウンを図るメリットが生じる．その場合，燃料電池発電は分散型発電として必要な場所で必要な量だけ発電することが可能で，送電システムの安定化に寄与する．

まとめ　　超小型のマイクロ SOFC が高出力を 500℃前後の温度で達成し注目を集めている．燃料極チューブ押出し，電解質塗布，空気極塗布，共焼成というファインセラミック技術を駆使している．マイクロ SOFC の技術が進歩し，コストダウンがされれば小型電源および燃料電池車への採用の可能性も開けてくる．将来，太陽光発電や風力発電が増えると，天候によって左右されるので電力需給の調整が困難になる．風力発電等によって生じた電気を使って水の電気分解を行って水素を貯蔵し，燃料電池発電を需要地で行えばメリットがある．

82話　自動車の未来は？

　石油，天然ガスの採掘可能年数を考えると，すぐに石油が使えなくなることはないが，燃料の大半を石油資源に頼っている自動車に，今の状態を継続することはできない．2015年現在，未来型の自動車は，数の多い順にハイブリッド車，電気自動車(EV)，燃料電池自動車(FCV)が実用化されているが，割合はまだわずかである．
　EVは，リチウムイオン電池等の二次電池をエネルギー源にしており，充電時の電力構成のどの程度が化石燃料に依存するかで決まる．電力の由来を問わないと仮定すると，EVはガソリン車に比べて2倍以上もエネルギー効率が高く，二酸化炭素，有害排気ガスを出さない理想的な車と言えそうである．問題点は，航続距離が短いこと，充電インフラが整備されていないこと，値段が高いこと等である．
　FCVは，水素を燃料として電気を生み出して走り，走行時に二酸化炭素や有害ガスを出さず，航続距離が長い車として有望である．FCVの短所は，高圧水素タンクが必要なこと，水素供給のインフラ整備が必要なこと，値段が高いこと等である．
　経済産業省は，次世代自動車戦略として2030年における乗用車車種別の普及目標を発表している．それによると，従来車30〜50％，ハイブリッド車30〜40％，EVとプラグインハイブリッド車(PHV) 20〜30％，FCV〜3％，クリーンディーゼル車5〜10％となっている．このうちクリーンディーゼル車は，排気ガス中の有害成分が少なく，かつ燃費の良い点が評価されて次世代自動車の中に含まれている．この数字は相当欲張った努力目標で，民間の見通しでは次世代自動車の普及率は30〜40％と見積もられている．その場合も，車の値段が順調に下がり，充電設備等のインフラ整備が進むことを前提にしているようである．
　EVは航続距離が短いため，普及には充電インフラの整備が鍵となる．EV先進地域と呼ばれる神奈川県では，2014年3月の時点でEV 5,563台，急速充電器200基となっている．また，愛知県では，2013年12月時点でEV 3,479台，PHV 2,910台，急速充電器108基，普通充電器648基となっている．今後，ワイヤレス充電の技術が進歩し簡便な利用が可能になれば，自宅の駐車場はもちろん，ショッピングセンター，レストラン，職場等の街の充電インフラを活用しやすくなる．
　さらに，ワイヤレス充電の技術が進歩し，道路から走行中または信号待ち等で充電するシステムができれば，過大な性能の向上を電池に要求することなくEVの普及が進むかもしれない．そのようなシステムが可能になると，エネルギー貯蔵シス

テムを二次電池に頼るのではなく，キャパシタ電源を使うことも視野に入ってくる．キャパシタはコンデンサとも呼ばれ，回路の途中が非常に短い距離を挟んでプラスとマイナスの電極があり，そこに電荷を貯める．キャパシタは，通常，電子部品として用いられ静電容量は小さいが，それを大きくした電気二重層キャパシタ等の製品が開発されてきた．キャパシタ電源は，高速充電や高速放電が可能，安全性が高い，劣化が少なく長寿命，コストが低いという特徴を持っている．ただし，キャパシタ電源は，重量当たりのエネルギー密度がリチウムイオン電池に比べ10％以下で，走行中充電のインフラなしの普及は考えられない．

　EVへの充電は，安い電力を利用した夜間の充電が省エネにもなり，望ましいと言える．また，電力の売買制度が実現した場合，車を使わない時は，昼間の電気代が高い時間帯に充電した電気を売るような動きも予想される．例えば，東京電力管内での自動車の登録台数は約2,000万台で，このうちの20％程度の400万台がEV，PHVになった状況を考えると，平均的に週1度の充電を夜間に1.5kWで行うと，毎晩86万kW程度の新たな電力需要が生ずることになる．EV，PHVで二酸化炭素排出量の削減を目指すのであれば，風力発電，地熱発電等の再生可能エネルギーによる電源開発計画と，EV，PHVの普及台数とのバランスを考慮する必要が出てくる．

まとめ　石油および天然ガスの採掘可能年数は数十年で，ガソリン車は今の状態を続けることはできない．EVは長所が多いが，航続距離が短く，充電インフラが必要，値段が高い問題を抱える．燃料電池自動車も優れた点もあるが，水素供給のインフラ整備が必要，値段が高い問題がある．政府や自治体等の施策で今後インフラ整備が進むと思われるが，その規模と速度が普及の鍵を握る．特に，走行中充電がいつどのような形で実現するかでEV普及のテンポが大きく左右される．

83話　電力自由化と発送電分離の未来は？

　日本では，1995年の電気事業法改正で部分的な電力の自由化がなされ，独立系発電事業者(IPP)が参入し，2000年に特定規模電気事業者(PPS)が認められて売電事業に参入した．IPPは鉄鋼会社，ガス会社，NTT，石油会社等である．PPSは全国に46社あり，その最大手はNTT関連と大手ガス会社が共同で設立したエネット社である．エネット社が2014年度のシェアで41%を占めている．

　政府は3段階で電力改革を進めている．地域を跨ぐ機関を2015年4月に設立し，2016年4月には電力の小売りを全面自由化し，消費者が電気の購入先を選べるようになる．2020年4月には電力会社の発送電分離を求め，大手電力が分離した送配電会社に人事等で介入することも禁じる予定である．これには，電力供給の中枢を担う送配電部門の独立性を高め，新規事業者が送電線や電柱を使いやすくする狙いがある．

　改正ガス事業法も成立し，都市ガス3社に2022年4月よりガス導管部門の分社化を求めることになっている．まず，2017年4月からガスの小売市場を全面自由化する．

　電力小売りは，2000年に2,000 kW以上の特別高圧，2005年に50 kW以上の高圧が自由化された．これら自由化された分野で，東電は2015年3月までの累計で既に約7%の需要をエネット等のPPSに奪われている．PFSの全国シェアは5.7%程度であるので，東電管内では特に乗換え率が高くなっている．東電は，電力小売り全面自由化が実現する2016年4月を睨み，ポイントサービス会社や携帯電話各社との提携戦略を開始し，顧客の囲込みを図っている．

　ガス会社やPPSは，顧客サービスや料金の安さを武器にシェアの拡大を図ろうとしているが，電力供給力は圧倒的に電力会社が握っており，電力取引市場にどの程度電力供給できるかが鍵である．東電管内に関西電力が火力発電所を建設しようとしている．それが稼働するのは2020年頃で，その時に原発がどの程度稼働しているかによって電力取引市場への電力供給量が決まってくると考えられる．

　自由化の下では，多数の発電会社が送電会社に送電料金を払って送電線を使い，需要家に売る電力市場が出現する．その際，独占企業である送電会社の送電料金は厳しく規制されるが，発電会社は競争市場であるので価格設定は自由である．自由化された後の送電会社の重要な役割は，給電司令である．電力の需要と供給の間に

ギャップが生じると停電するため，それが起きないよう管理する．

　発電所間の競争は，発電会社が大口の需要家と長期契約を結ぶ「相対取引」，翌日の30分ごとに大口需要家の需要と発電会社の供給が均衡する価格で電力を取引する「前日取引市場」（スポットマーケット），給電司令所が当日の電力需給を見ながら需給を一致させるために最後の需給調節をする「リアルタイム市場」の3つで行われると考えらる．発電所を持っていない需要家が相対取引で購入した電力のうち節電した部分を取引市場で売ることができ，発電所の故障で供給能力が落ちるとその不足分もリアルタイム価格で購入できる．一方で，給電司令所は時々刻々に必要となる追加的な発電や発電抑制のために多くの発電会社と契約をしておき，この価格ならばこれだけ急な要請で発電してもらえるという入札の表を持っておく．需給ギャップに応じて発電を要請し，その時の価格に応じて最終需要家や発電会社と精算を行う．このようなシステムであれば，停電の可能性を減らす仕組みが働きやすいと考えられる．第一は，電力需給の逼迫時における需要抑制機能である．需給の逼迫時には前日取引市場やリアルタイム市場での価格が高くなり，節電志向が高まる．その際，需要家は購入予定の電力を節約すると，節約分を高値で市場に売ることができる．第二は，停電に対する送電会社へのペナルティ制度の導入である．送電線は全部料金規制で，価格を事前に決めておくことになる．その場合，送電会社は送電線にかかるコストを最小限に抑えようとし，停電のリスクが高まることが考えられる．停電を起こした送電会社に政府が決めた罰金を課すことにすると，送電会社は停電を起こさないように最適な送電線の規模を考えることになる．

まとめ　2016年4月，電力が全面自由化し，消費者が電気の購入先を選べる．2020年4月，電力会社の発送電分離が実現する．電力取引市場にどの程度電力供給されるかが問題となるが，2020年代前半の原発稼働の状態等の電力需給で決まる要素が大きい．電力自由化がうまく機能するためには，相対取引，前日取引，リアルタイム取引が正常になされ，価格が高い時の節電志向が生まれること，停電した場合の送電会社への罰則規程等の送電設備への最適な投資を誘導するような制度が欠かせない．

84話　スマートグリッドの未来は？

　スマートグリッドは，ITを活用して安定した送電と省エネの機能を持つ新しいサービスである．発電設備から末端の電力機器までを情報通信技術のネットワークでつなぎ合わせ，電力網内での需給バランスの最適化調整と事故，過負荷等への対応力を高め，それらに要するコストを最小に抑えることを目的としている．

　スマートメータは，HEMS (Home Energy Management System；住宅用エネルギー管理システム)等を通して電気使用状況の見える化を可能にする電力量計である．スマートメータの導入により，電気料金メニューの多様化，省エネ化，電力供給の設備投資の抑制等が期待されている．ピーク時の電力料金を高く設定すると，家庭，ビルでは電気代が安い時間帯にエアコンを動かすなどの賢い節電方法が可能になる．そうなると，電力会社はピーク時の電力需要に合わせて設備投資をする必要が減少し，トータルでは供給側も需要側もメリットがある．

　スマートグリッドの概念図を図44に示す．スマートグリッドは，送電会社が火

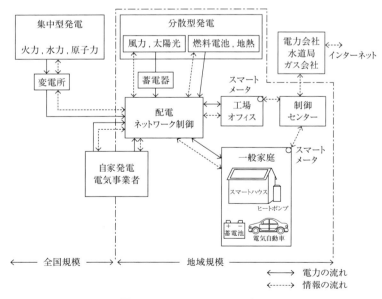

図44　スマートグリッドの概念図

力，水力，原子力等の大口発電会社，自家発電会社，発電設備を持つオフィスや家庭等からの電力の供給を受けて，需要側に電力を供給すると共に，需要と供給の間に過不足が起こらないように情報通信技術のネットワークを通して電力網内での需給バランスの最適化調整を行う．需要側には，消費量をこまめに把握できるスマートメータを設置して，スマート節電が行えるようにすると共に，電気，水道，ガスのメータの一括管理ができるようにする．

図の左側は全国規模での発電，送電で，右側は地域規模での発電，送電で，小型火力，再生可能エネルギー，燃料電池発電等の分散型電源による．その地域で自家発電業者からの送電，工場やオフィスからの自家発電，家庭での太陽光発電や電気自動車からの送電，燃料電池発電，再生可能エネルギー等の分散型発電によって必要な電力を調達し，エネルギーの「地産地消」を目指す．

再生可能エネルギーへの対応のためにスマートグリッドが果たす役割も大きい．太陽光発電，風力発電のような再生可能エネルギーからの電力は，発電量が時々刻々と変化するという特性がある．再生可能エネルギーからの電力が増えてくると，その電力が配電系統に逆流してくるため，どのように制御するかが問題となる．その余剰電力を吸収するために，蓄電池を設置するのか，エコキュートを運転するのか，電気自動車に充電するのか，スマートメータを通じて発電を休止するのか，その時々の状況に合わせて最適な方法を選ぶ．

スマートグリッドではこの考え方をさらに進め，蓄電池の設置位置に関係なくグリッド内ですべてを共通化すれば，発電した電気の実質的な蓄電可能量を増やすことができる．太陽光発電所，風力発電所，配電網，家庭・事業所，充電のためにコンセントに接続された電気自動車等の蓄電池といったすべてを連携して用いるためには，どこの電池に充電可能な空きがあるのかや，どの電池から放電すべきか等を細かく制御する必要があり，センサ・遠隔制御技術も必要となる．

まとめ スマートグリッドは，発電設備から末端の電力機器までを情報通信技術のネットワークで結び合わせて，電力網内での需給バランスの最適化調整と事故や過負荷等への対応力を高め，それらに要するコストを最小に抑えることを目的としている．スマートメーターを設置して電気使用状況の見える化を行い，賢い節電方法を可能にし，電力会社は設備投資をする必要が減少する．再生可能エネルギーからの電力が増えると，その電力が配電系統に逆流するので，これを制御するのにスマートグリッドの果たす役割が大きい．

エネルギーのはなし―科学の眼で見る日常の疑問	定価はカバーに表示してあります.
2016年4月4日 1版1刷 発行	ISBN978-4-7655-4479-5 C1040

著 者 　稲 場 　秀 明

発行者 　長 　　滋 　彦

発行所 　技報堂出版株式会社

日本書籍出版協会会員
自然科学書協会会員
土木・建築書協会会員

〒101-0051 東京都千代田区神田神保町 1-2-5
　　電　話　営業　　(03) (5217) 0885
　　　　　　編集　　(03) (5217) 0881
　　FAX　　　　　　(03) (5217) 0886
　　振替口座　00140-4-10
　　http://gihodobooks.jp/

Printed in Japan

ⓒ Hideahi Inaba, 2016

装幀・田中邦直　　印刷・製本　愛甲社

落丁・乱丁はお取替えいたします.

JCOPY ＜出版者著作権管理機構 委託出版物＞

　本書の無断複写は著作権法上での例外を除き禁じられています. 複写される場合は, そのつど事前に, 出版者著作権管理機構 (電話 03-3513-6969, FAX 03-3513-6979, e-mail: info@copy.or.jp) の許諾を得てください.

──同 時 刊 行!──

空気のはなし
―科学の眼で見る日常の疑問―

稲場 秀明 著　　A5・212頁　　定価：2,000円＋税　　ISBN4-7655-4480-1

　人間も，動物も，植物も，生物の大多数は空気に依存し，空気の中で生存しています．人は日常生活の中で空気のことを絶えず意識して生活しているわけではありません．何か臭いとか汚れているとかがありますと，非常に気になってきます．

　空気は，微生物，植物による太陽光を使った光合成によって30億年以上の長い年月をかけ今の姿になっています．その空気が生活の中でどうに関わってきているのかを簡潔に解説したのが本書です．

　解っているようで不確かなこと，なかなか説明しずらいこと，思ったよりも奥深いことなど，空気に関する疑問や何気なく見過ごしている問題を，科学の眼で見ること形で展開しています．

【目次】　1章　空気とはどんなもの　7項
　　　　　2章　地球と空気　6項
　　　　　3章　気象と空気　8項
　　　　　4章　色と光と空気　6項
　　　　　5章　汚れた空気ときれいな空気　7項
　　　　　6章　室内の空気　5項
　　　　　7章　スポーツと空気　6項
　　　　　8章　空を飛ぶ　6項
　　　　　9章　呼吸と空気　10項
　　　　　10章　燃焼と空気　5項
　　　　　11章　空気の圧力　5項
　　　　　12章　音と空気　9項
　　　　　13章　宇宙と空気　6項

■ 技報堂出版　TEL 営業 03(5217)0885／編集 03(5217)0881　FAX 03(5217)0886 ■